# 항공 보안경비 관계법

김진환

도서출판 진영사

항공보안경비 관계법
김진환

2020년 03월 26일 초판 인쇄
2020년 03월 31일 초판 발행

발행인 박 진 영
발행처 도서출판 진영사
인천광역시 부평구 갈산동 185번지 풍진빌딩 303호
전화 : 032)505-4207
팩스 : 032)505-4206
E-mail : 0183734207@hanmail.net
등록 : 122-91-77317

ISBN 978-89-6541-475-9 93350
값 15,000원

PREFACE

# 항공보안경비 관계법이 필요한 이유……

우리나라에서 항공보안업이 법적 제도화 된지도 벌써 6년이 지났으며, 그동안 항공경비산업의 발전과 더불어 항공보안법 법령도 30차례나 제·개정을 거듭했다.

그러나 항공경비산업이 양적으로는 매우 빠른 급성장을 하였으나 보수제도, 승진, 복리후생 사회의 인식 등의 불합리한 점이 적지 않아 공항경비원의 사기가 낮고 이직이 높은 것이 현실이며, 또한 공항경비 관련 산업종사자들의 항공보안경비 관계법에 대한 이론적 학문적 접근이 체계적으로 이루어지지 않아 경영과 수요자들의 욕구를 충족시키기에는 현실적으로 많은 문제점이 대두되고 있는 실정이다.

이 책은 이러한 문제점에서 출발을 하였다. 법학 전공분야가 많이 내포 되어 있다고 어려운 측면에서 보는 사람도 있겠지만 저자는 새로운 시각과 시야를 제공하려는 의도에서 〈항공보안경비 관계법〉을 시도하였다.

몇 해 전부터인가 경호학과 학생들에게 강의를 할 때마다 실무적인 부분에서 보안경비업무를 담당해야할 학생들의 능력 배양은 이론적 기초가 확고히 되어 있어야 가능하다는 것을 계속 느끼게 되었다. 특히 보안경비 관련 과목 중 앞으로 대학을 졸업할 인재들이 민간경비업계에서 근무하게 된다는 점에서 그 제도적 뒷받침이 되는 항공보안경비 관계법의 숙지는 매우 중요한 사항이라고 본다.

학생들에게 항공보안경비 관계법을 습득하게하고 실무를 적용하기 위해서는 기초적인 법학 지식도 필요하게 되며, 이러한 법학적 이론을 토대로 실무에서 그 효용성을 극대화할 수 있도록 대학 강의는 초석이 되어야 한다.

이 책의 세부구성을 살펴보면 1부는 항공보안법의 기본적 이해를 기반으로 항공보안법을 숙지할 수 있도록 기본 법적 용어를 구성하였으며, 2부는 국민안전의 주핵심이 되는 테러방지법을 제시하였다. 제3부에서는 항공보안경비원의 관계법인 경비업법을 제시하였다.

본서를 집필함에 있어서 학생들에게 많은 내용과 관련된 이론적 배경을 소개하고 싶었으나 본 저자의 전공에 대한 한계성으로 인하여 기대에 미치지 못 하였다고 생각되며, 집필을 끝낸 뒤 그러한 부족한 점을 절실히 느끼게 되어 미안함이 앞선다. 하지만 앞으로의

충분한 연구와 고민을 통해 미진한 점을 보충하고, 독자들의 많은 관심과 지도편달을 기대하며, 그에 대한 부응으로 더 나은 교재 집필에 노력할 것을 다짐한다.

끝으로 출판업계의 어려운 여건 속에서도 기꺼이 출판을 허락해주시고 적극적인 성원과 지원을 아끼지 않으신 진영사 박진영사장님과 관계 임직원에게 깊은 감사를 드리는 바이다.

2020년 3월

부아산 기슭 연구실에서

저자 **김 진 환**

# 차 례

# 제1부 항공보안법 개괄 및 구성

# 제1부 항공보안법 개괄 및 구성

항공보안법은 「국제민간항공협약」 등 국제협약에 따라 공항시설, 항행안전시설 및 항공기 내에서의 불법행위를 방지하고 민간항공의 보안을 확보하기 위한 기준·절차 및 의무사항 등을 규정함을 목적으로 한다.

항공보안법(법률 제12257호, 2014.1.14.)은 8장 51조로 구성되어 있고 항공보안법 시행령(대통령령 제26604호, 2015,10,29)은 21조, 항공보안법 시행규칙(국토교통부령 제228호, 2015.9.2.)은 20조로 구성되어 있다. 세부적인 구성내용은 아래 〈표 1부-1〉과 같다.

〈표 1부-1〉 항공보안법의 구성

| 항공보안법 | |
|---|---|
| 구분 | 내용 |
| 제1장<br>총칙<br>(제1조~6조) | 제1조(목적), 제2조(정의)<br>제3조(국제협략의 준수)<br>제4조(국가의 책무)<br>제5조(공항운영자 등의 협조의무), 제6조 삭제 |
| 제2장<br>항공보안협의회 등<br>(제7조~제10조) | 제7조(항공보안협의회)<br>제8조(지방항공보안협의회)<br>제9조(항공보안 기본계획)<br>제10조(국가항공보안계획 등의 수립) |
| 제3장<br>공항·항공기등의 보안<br>(제11조~제20조) | 제11조(공항시설 등의 보안)<br>제12조(공항시설 보호구역의 지정)<br>제13조(보호구역에의 출입허가)<br>제14조(승객의 안전 및 항공기의 보안)<br>제15조(승객 등의 검색 등)<br>제16조(승객이 아닌 사람 등에 대한 검색)<br>제17조(통과승객 또는 환승 승객에 대한 보안검색 등)<br>제17조의2(상용화주)<br>제17조의3(상용화주의 지정취소)<br>제18조(기내식 등의 통제)<br>제19조(보안검색 실패 등에 대한 대책)<br>제20조(비행 서류의 보안관리 절차 등) |

| 항공보안법 | |
|---|---|
| 구분 | 내용 |
| 제4장<br>공기 내의 보안<br>(제21조~제26조) | 제21조(무기 등 위해물품 휴대 금지)<br>제22조(기장 등의 권한)<br>제23조(승객의 협조의무)<br>제24조(수감 중인 사람 등의 호송)<br>제25조(범인의 인도 · 인수)<br>제26조(예비조사) |
| 제5장<br>항공보안장비 등<br>(제27조~제29조) | 제27조(항공보안장비)<br>제28조(교육훈련 등)<br>제29조(검색 기록의 유지) |
| 제6장<br>항공보안 위협에 대한 대응<br>(제30조~제33조의2) | 제30조(항공보안을 위협하는 정보의 제공)<br>제31조(국가항공보안 우발계획 등의 수립)<br>제32조(보안조치)<br>제33조(항공보안 감독)<br>제33조의2(항공보안 자율신고) |
| 제7장<br>보칙<br>(제34조~제38조) | 제34조(재정 지원)<br>제35조(감독)<br>제36조 삭제<br>제37조(청문)<br>제38조(권한의위임 · 위탁) |
| 제8장<br>벌칙<br>(제39조~제51조) | 제39조(항공기 파손죄)<br>제40조(항공기 납치죄 등)<br>제41조(항공시설 파손죄)<br>제42조(항공기 항로 변경죄)<br>제43조(직무집행 방해죄)<br>제44조(항공기 위험물건 탑재죄)<br>제45조(공항운영 방해죄)<br>제46조(항공기 안전운항 저해 폭행죄 등)<br>제47조(항공기 검거 및 농성죄)<br>제48조(운항 방해정보 제공죄)<br>제49조(벌칙)<br>제50조(벌칙)<br>제51조(과태료) |

# 제1장 총칙[1)]

## 1. 목적(제1조)

이 법은 「국제민간항공협약」 등 국제협약에 따라 공항시설, 항행안전시설 및 항공기 내에서의 불법행위를 방지하고 민간항공의 보안을 확보하기 위한 기준·절차 및 의무사항 등을 규정함을 목적으로 한다.

### 1.1 시행령

제1조(목적) 이 영은 「항공보안법」에서 위임된 사항과 그 시행에 필요한 사항을 규정함을 목적으로 한다.

### 1.2 시행규칙

제1조(목적) 이 규칙은 「항공보안법」 및 같은 법 시행령에서 위임된 사항과 그 시행에 필요한 사항을 규정함을 목적으로 한다.

## 2. 정의(제2조)

이 법에서 사용하는 용어의 뜻은 다음과 같다. 다만, 이 법에 특별한 규정이 있는 것을 제외하고는 「항공사업법」·「항공안전법」·「공항시설법」에서 정하는 바에 따른다. 〈개정 2012. 1. 26., 2013. 4. 5., 2016. 3. 29., 2017. 10. 24.〉

1. "운항중"이란 승객이 탑승한 후 항공기의 모든 문이 닫힌 때부터 내리기 위하여 문을 열 때까지를 말한다.
2. "공항운영자"란 「항공사업법」 제2조제34호에 따른 공항운영자를 말한다.
3. "항공운송사업자"란 「항공사업법」 제7조에 따라 면허를 받은 국내항공운송사업자 및

1) 법제처(moleg.go.kr/main.html), 항공보안법, 2020, 재구성

국제항공운송사업자, 같은 법 제10조에 따라 등록을 한 소형항공운송사업자 및 같은 법 제54조에 따라 허가를 받은 외국인 국제항공운송업자를 말한다.

4. “항공기취급업체”란 「항공사업법」 제44조에 따라 항공기취급업을 등록한 업체를 말한다.
5. “항공기정비업체”란 「항공사업법」 제42조에 따라 항공기정비업을 등록한 업체를 말한다.
6. “공항상주업체”란 공항에서 영업을 할 목적으로 공항운영자와 시설이용 계약을 맺은 개인 또는 법인을 말한다.
7. “항공기내보안요원”이란 항공기 내의 불법방해행위를 방지하는 직무를 담당하는 사법경찰관리 또는 그 직무를 위하여 항공운송사업자가 지명하는 사람을 말한다.
8. “불법방해행위”란 항공기의 안전운항을 저해할 우려가 있거나 운항을 불가능하게 하는 행위로서 다음 각 목의 행위를 말한다.
   가. 지상에 있거나 운항중인 항공기를 납치하거나 납치를 시도하는 행위
   나. 항공기 또는 공항에서 사람을 인질로 삼는 행위
   다. 항공기, 공항 및 항행안전시설을 파괴하거나 손상시키는 행위
   라. 항공기, 항행안전시설 및 제12조에 따른 보호구역(이하 “보호구역”이라 한다)에 무단 침입하거나 운영을 방해하는 행위
   마. 범죄의 목적으로 항공기 또는 보호구역 내로 제21조에 따른 무기 등 위해물품(危害物品)을 반입하는 행위
   바. 지상에 있거나 운항중인 항공기의 안전을 위협하는 거짓 정보를 제공하는 행위 또는 공항 및 공항시설 내에 있는 승객, 승무원, 지상근무자의 안전을 위협하는 거짓 정보를 제공하는 행위
   사. 사람을 사상(死傷)에 이르게 하거나 재산 또는 환경에 심각한 손상을 입힐 목적으로 항공기를 이용하는 행위
   아. 그 밖에 이 법에 따라 처벌받는 행위
9. “보안검색”이란 불법방해행위를 하는 데에 사용될 수 있는 무기 또는 폭발물 등 위험성이 있는 물건들을 탐지 및 수색하기 위한 행위를 말한다.
10. “항공보안검색요원”이란 승객, 휴대물품, 위탁수하물, 항공화물 또는 보호구역에 출입하려고 하는 사람 등에 대하여 보안검색을 하는 사람을 말한다.
11. “장비운영자”란 제15조부터 제17조까지 및 제17조의2에 따라 보안검색을 실시하기 위하여 항공보안장비를 설치 · 운영하는 공항운영자, 항공운송사업자, 화물터미널운영자, 상용화주 및 그 밖에 국토교통부령으로 정하는 자를 말한다.

## 3. 국제협약의 준수(제3조)

① 민간항공의 보안을 위하여 이 법에서 규정하는 사항 외에는 다음 각 호의 국제협약에 따른다.

1. 「항공기 내에서 범한 범죄 및 기타 행위에 관한 협약」
2. 「항공기의 불법납치 억제를 위한 협약」
3. 「민간항공의 안전에 대한 불법적 행위의 억제를 위한 협약」
4. 「민간항공의 안전에 대한 불법적 행위의 억제를 위한 협약을 보충하는 국제민간항공에 사용되는 공항에서의 불법적 폭력행위의 억제를 위한 의정서」
5. 「가소성 폭약의 탐지를 위한 식별조치에 관한 협약」

② 제1항에 따른 국제협약 외에 항공보안에 관련된 다른 국제협약이 있는 경우에는 그 협약에 따른다.

## 4. 국가의 책무(제4조)

국토교통부장관은 민간항공의 보안에 관한 계획 수립, 관계 행정기관 간 업무 협조체제 유지, 공항운영자 · 항공운송사업자 · 항공기취급업체 · 항공기정비업체 · 공항상주업체 및 항공여객 · 화물터미널운영자 등의 자체 보안계획에 대한 승인 및 실행점검, 항공보안 교육훈련계획의 개발 등의 업무를 수행한다.

## 5. 공항운영자 등의 협조의무(제5조)

공항운영자, 항공운송사업자, 항공기취급업체, 항공기정비업체, 공항상주업체, 항공여객 · 화물터미널운영자, 공항이용자, 그 밖에 국토교통부령으로 정하는 자는 항공보안을 위한 국가의 시책에 협조하여야 한다.

## 6. 제6조 삭제 〈2013. 4. 5.〉

# 제2장 항공보안협의회 등[2)]

## 7. 항공보안협의회(제7조)

① 항공보안에 관련되는 다음 각 호의 사항을 협의하기 위하여 국토교통부에 항공보안협의회를 둔다.

1. 항공보안에 관한 계획의 협의
2. 관계 행정기관 간 업무 협조
3. 제10조제2항에 따른 자체 보안계획의 승인을 위한 협의
4. 그 밖에 항공보안을 위하여 항공보안협의회의 장이 필요하다고 인정하는 사항. 다만, 「국가정보원법」 제3조에 따른 대테러에 관한 사항은 제외한다.

② 항공보안협의회의 구성, 운영 및 자체 보안계획 승인의 대상 등에 관하여 필요한 사항은 대통령령으로 정한다.

### 7.1 시행령

제2조(항공보안협의회의 구성 등) ① 「항공보안법」(이하 "법"이라 한다) 제7조제1항에 따른 항공보안협의회(이하 "보안협의회"라 한다)는 위원장 1명을 포함한 20명 이내의 위원으로 구성한다.

② 보안협의회의 위원장은 국토교통부 항공정책실장이 되고, 위원은 다음 각 호의 사람으로 한다.

1. 외교부 · 법무부 · 국방부 · 문화체육관광부 · 농림축산식품부 · 보건복지부 · 국토교통부 · 국가정보원 · 관세청 · 경찰청 및 해양경찰청의 고위공무원단 또는 이에 상당하는 직급의 공무원 중 소속 기관의 장이 지명하는 사람 각 1명
2. 항공보안에 관한 학식과 경험이 풍부한 사람 · 공항운영자 또는 항공운송사업자를 대표하는 사람 중 국토교통부장관이 위촉하는 사람

③ 제2항제2호에 따른 위촉위원의 임기는 2년으로 한다.

---

2)법제처(moleg.go.kr/main.html), 항공보안법, 2020, 재구성

④ 위원장은 보안협의회를 대표하며 그 업무를 총괄한다.

⑤ 보안협의회의 위원장이 부득이한 사유로 그 직무를 수행할 수 없을 경우에는 위원장이 지명한 위원이 그 직무를 대행한다.

⑥ 위원장은 보안협의회의 회의를 소집하고, 그 의장이 된다.

⑦ 보안협의회의 사무를 처리하기 위하여 간사를 두며, 국토교통부장관이 소속 공무원 중에서 임명한다.

⑧ 법 제7조제1항제3호에 따라 보안협의회의 협의대상인 자체 보안계획은 다음 각 호와 같다.

1. 공항운영자의 자체 보안계획의 수립 및 변경
2. 항공운송사업자(국내항공운송사업자 및 국제항공운송사업자만 해당한다)의 자체 보안계획의 수립 및 변경

⑨ 이 영에서 규정한 사항 외에 보안협의회의 운영에 필요한 세부사항은 보안협의회의 의결을 거쳐 위원장이 정한다.

## 7.2 시행규칙

제3조의2(국가항공보안계획의 내용 등) ① 법 제10조제1항에 따른 국가항공보안계획(이하 "국가항공보안계획"이라 한다)에는 다음 각 호의 내용이 포함되어야 한다.

1. 법 제9조제1항에 따른 공항운영자등(이하 "공항운영자등"이라 한다)의 항공보안에 대한 임무
2. 법 제27조제1항에 따른 항공보안장비(이하 "항공보안장비"라 한다)의 관리
3. 법 제28조제2항에 따른 교육훈련
4. 법 제31조제1항에 따른 국가항공보안 우발계획(이하 "우발계획"이라 한다)
5. 법 제33조제1항에 따른 점검업무 등
6. 항공보안에 관한 국제협력
7. 그 밖에 항공보안에 관하여 필요한 사항

② 국토교통부장관은 국가항공보안계획을 수립하는 경우에는 법 제7조제1항에 따른 항공보안협의회의 협의를 거쳐야 한다.

## 8. 지방항공보안협의회 등(제8조)

① 지방항공청장은 관할 공항별로 항공보안에 관한 사항을 협의하기 위하여 지방항공보안협의회를 둔다.

② 지방항공보안협의회의 구성 · 임무 및 운영 등에 관하여 필요한 사항은 대통령령으로 정한다.

### 8.1 시행령

제3조(지방항공보안협의회의 구성 등) ① 법 제8조제1항에 따른 지방항공보안협의회(이하 "지방보안협의회"라 한다)는 위원장 1명을 포함한 20명 이내의 위원으로 구성한다.

② 지방보안협의회의 위원은 다음 각 호의 사람으로 한다.

1. 해당 공항에 상주(常住)하는 정부기관의 소속 직원 각 1명
2. 해당 공항운영자가 추천하는 소속 직원 1명
3. 해당 공항에 상주하는 항공운송사업자가 추천하는 소속 직원 각 1명
4. 제1호부터 제3호까지에서 규정한 사람 외에 항공보안을 위하여 위원장이 위촉하는 사람

③ 위원장은 해당 공항을 관할하는 지방항공청장 또는 지방항공청장이 소속 공무원 중에서 지명하는 사람이 된다.

④ 제2항제4호에 따른 위촉위원의 임기는 2년으로 한다.

⑤ 위원장은 지방보안협의회를 대표하며 그 업무를 총괄한다.

⑥ 위원장은 지방보안협의회의 회의를 소집하고, 그 의장이 된다.

⑦ 지방보안협의회의 사무를 처리하기 위하여 간사를 두며, 지방항공청장이 소속 공무원 중에서 임명한다.

⑧ 이 영에서 규정한 사항 외에 지방보안협의회의 운영에 필요한 세부사항은 지방보안협의회의 의결을 거쳐 위원장이 정한다.

# 9. 항공보안 기본계획(제9조)

① 국토교통부장관은 항공보안에 관한 기본계획(이하 “기본계획”이라 한다)을 5년마다 수립하고, 그 내용을 공항운영자, 항공운송사업자, 항공기취급업체, 항공기정비업체, 공항상주업체, 항공여객·화물터미널운영자, 그 밖에 국토교통부령으로 정하는 자(이하 “공항운영자등”이라 한다)에게 통보하여야 한다.

② 기본계획에는 항공보안에 관한 종합적·장기적인 추진방향 등 대통령령으로 정하는 사항이 포함되어야 한다.

③ 국토교통부장관은 기본계획에 따라 항공보안 업무를 수행하기 위하여 매년 항공보안에 관한 시행계획(이하 “시행계획”이라 한다)을 수립·시행하여야 한다.

④ 국토교통부장관은 기본계획을 수립하거나 변경하고자 하는 때에는 관계 행정기관과 미리 협의하여야 한다.

⑤ 국토교통부장관은 기본계획 및 시행계획의 수립을 위하여 필요하다고 인정하는 경우에는 관계 기관, 단체 또는 전문가로부터 의견을 듣거나 필요한 자료의 제출을 요청할 수 있다.

⑥ 그 밖에 기본계획 및 시행계획의 수립·변경·시행 등에 필요한 사항은 대통령령으로 정한다.

## 9.1 시행령

제5조(기본계획의 수립·변경 등) ① 법 제9조제1항에 따른 항공보안에 관한 기본계획(이하 “기본계획”이라 한다)에는 다음 각 호의 내용이 포함되어야 한다.

1. 국내외 항공보안 환경의 변화 및 전망
2. 국내 항공보안 현황 및 경쟁력 강화에 관한 사항
3. 국가 항공보안정책의 목표, 추진방향 및 단계별 추진계획
4. 항공보안 전문인력의 양성 및 항공보안 기술의 개발에 관한 사항
5. 그 밖에 항공보안 발전을 위하여 필요한 사항

② 국토교통부장관은 기본계획을 수립하거나 변경하는 경우에는 보안협의회의 협의를 거쳐야 한다.

③ 국토교통부장관은 기본계획을 수립하거나 변경한 경우에는 그 내용을 법 제9조제1항

에 따른 공항운영자등(이하 “공항운영자등”이라 한다)에게 통보하여야 한다.

### 9.2 시행규칙

제3조(기본계획의 통보) 법 제9조제1항에서 “국토교통부령으로 정하는 자”란 다음 각 호의 어느 하나에 해당하는 자를 말한다.

1. 도심공항터미널업자
2. 법 제12조에 따라 지정된 보호구역에 상주하는 기관으로서 다음 각 목의 어느 하나에 해당하는 기관
   가. 「고등교육법」 제2조에 따른 교육기관
   나. 「항공사업법」 제2조제15호에 따른 항공기사용사업을 하는 자
   다. 「항공안전법」 제2조제1호 가목 및 나목에 따른 비행기나 헬리콥터를 소유하거나 임차해서 사용하는 자
   라. 「항공안전법」 제48조제1항에 따른 전문교육기관
3. 법 제17조의2제1항에 따른 상용화주

## 10. 국가항공보안계획 등의 수립(제10조)

① 국토교통부장관은 항공보안 업무를 수행하기 위하여 국가항공보안계획을 수립 · 시행하여야 한다.
② 공항운영자등은 제1항의 국가항공보안계획에 따라 자체 보안계획을 수립하거나 수립된 자체 보안계획을 변경하려는 경우에는 국토교통부장관의 승인을 받아야 한다. 다만, 국토교통부령으로 정하는 경미한 사항의 변경은 그러하지 아니하다.
③ 제1항 및 제2항에 따라 수립하는 국가항공보안계획, 자체 보안계획의 세부 내용 및 수립절차 등에 관하여 필요한 사항은 국토교통부령으로 정한다.

### 10.1 시행령

제4조(지방보안협의회의 임무 등) ① 지방보안협의회는 다음 각 호의 사항을 협의한다.

1. 법 제10조제2항에 따른 자체 보안계획의 수립 및 변경에 관한 사항
2. 공항시설의 보안에 관한 사항
3. 항공기의 보안에 관한 사항
4. 법 제31조제2항에 따른 자체 우발계획의 수립·시행에 관한 사항
5. 제1호부터 제4호까지에서 규정한 사항 외에 공항 및 항공기의 보안에 관한 사항

② 위원장은 제1항 각 호에 해당하는 사항을 협의한 경우에는 국토교통부장관에게 보고하여야 한다.

## 10.2 시행규칙

**제3조의2(국가항공보안계획의 내용 등)** ① 법 제10조제1항에 따른 국가항공보안계획(이하 "국가항공보안계획"이라 한다)에는 다음 각 호의 내용이 포함되어야 한다.

1. 법 제9조제1항에 따른 공항운영자등(이하 "공항운영자등"이라 한다)의 항공보안에 대한 임무
2. 법 제27조제1항에 따른 항공보안장비(이하 "항공보안장비"라 한다)의 관리
3. 법 제28조제2항에 따른 교육훈련
4. 법 제31조제1항에 따른 국가항공보안 우발계획(이하 "우발계획"이라 한다)
5. 법 제33조제1항에 따른 점검업무 등
6. 항공보안에 관한 국제협력
7. 그 밖에 항공보안에 관하여 필요한 사항

② 국토교통부장관은 국가항공보안계획을 수립하는 경우에는 법 제7조제1항에 따른 항공보안협의회의 협의를 거쳐야 한다.

**제3조의3(자체 보안계획의 승인 등)** 국토교통부장관 또는 지방항공청장은 법 제10조제2항에 따라 자체 보안계획을 승인하려 할 때에는 다음 각 호의 사항을 검토하여야 한다.

1. 국가항공보안계획과의 적합성
2. 법 제3조에 따른 국제협약 및 「국제민간항공협약」 부속서 17 등과의 적합성

**제3조의4(공항운영자의 자체 보안계획)** ① 법 제10조제2항에 따라 공항운영자가 수립하는 자체 보안계획에는 다음 각 호의 사항이 포함되어야 한다. 〈개정 2014. 4. 4.〉

1. 항공보안업무 담당 조직의 구성·세부업무 및 보안책임자의 지정
2. 항공보안에 관한 교육훈련
3. 항공보안에 관한 정보의 전달 및 보고 절차
4. 공항시설의 경비대책
5. 보호구역 지정 및 출입통제
6. 승객·휴대물품 및 위탁수하물에 대한 보안검색
7. 통과 승객·환승 승객 및 그 휴대물품· 위탁수하물에 대한 보안검색
8. 승객의 일치여부 확인 절차
9. 항공보안검색요원의 운영계획
10. 법 제12조에 따른 보호구역 밖에 있는 공항상주업체의 항공보안관리 대책
11. 항공보안장비의 관리 및 운용
12. 법 제19조제1항에 따른 보안검색 실패 등에 대한 대책 및 보고·전달체계
13. 법 제29조에 따른 보안검색 기록의 작성·유지
14. 공항별 특성에 따른 세부 보안기준

② 공항운영자는 자체 보안계획을 승인 받은 경우 관련 기관, 항공운송사업자 등에게 관련 사항을 통보하여야 한다.

**제3조의5(항공운송사업자의 자체 보안계획)** ① 법 제10조제2항에 따라 항공운송사업자가 수립하는 자체 보안계획에는 다음 각 호의 사항이 포함되어야 한다.

1. 항공보안업무 담당 조직의 구성·세부업무 및 보안책임자의 지정
2. 항공보안에 관한 교육훈련
3. 항공보안에 관한 정보의 전달 및 보고 절차
4. 항공기 정비시설 등 항공운송사업자가 관리·운영하는 시설에 대한 보안대책
5. 항공기 보안에 관한 다음 각 목의 사항
   가. 항공기에 대한 경비대책
   나. 비행 전·후 항공기에 대한 보안점검
   다. 계류(繫留)항공기에 대한 탑승계단, 탑승교, 출입문, 경비요원 배치에 관한 보안 및 통제 절차
   라. 항공기 운항중 보안대책
   마. 법 제23조에 따른 승객의 협조의무를 위반한 사람에 대한 처리절차

바. 법 제24조에 따른 수감 중인 사람 등의 호송 절차

사. 법 제25조에 따른 범인의 인도·인수 절차

아. 항공기내보안요원의 운영 및 무기운용 절차

자. 국외취항 항공기에 대한 보안대책

차. 항공기에 대한 위협 증가 시 항공보안대책

카. 조종실 출입절차 및 조종실 출입문 보안강화대책

타. 기장의 권한 및 그 권한의 위임절차

파. 기내 보안장비 운용절차

6. 기내식 및 저장품에 대한 보안대책
7. 항공보안검색요원 운영계획
8. 법 제19조제1항에 따른 보안검색 실패 대책보고
9. 항공화물 보안검색 방법
10. 법 제29조에 따른 보안검색기록의 작성·유지
11. 항공보안장비의 관리 및 운용
12. 화물터미널 보안대책(화물터미널을 관리 운영하는 항공운송사업자만 해당한다)
13. 법 제17조제3항에 따른 운송정보의 제공 절차
14. 위해물품 탑재 및 운송절차
15. 보안검색이 완료된 위탁수하물에 대한 항공기에 탑재되기 전까지의 보호조치 절차
16. 승객 및 위탁수하물에 대한 일치여부 확인 절차
17. 승객 일치 확인을 위해 공항운영자에게 승객 정보제공
18. 법 제23조제7항에 따른 항공기 탑승 거절절차
19. 항공기 이륙 전 항공기에서 내리는 탑승객 발생 시 처리절차
20. 비행서류의 보안관리 대책
21. 보호구역 출입증 관리대책
22. 그 밖에 항공보안에 관하여 필요한 사항

② 외국국적 항공운송사업자가 수립하는 자체 보안계획은 영문 및 국문으로 작성되어야 한다.

**제3조의6(항공기취급업체등의 자체 보안계획)** 법 제10조제2항에 따라 항공기취급업체·항공기정비업체·공항상주업체(보호구역 안에 있는 업체만 해당한다),항공여객·화물터미널

운영자 및 도심공항터미널을 경영하는 자가 수립하는 자체 보안계획에는 다음 각 호의 사항이 포함되어야 한다.

1. 항공보안업무 담당 조직의 구성·세부업무 및 보안책임자의 지정
2. 항공보안에 관한 교육훈련
3. 항공보안에 관한 정보의 전달 및 보고 절차
4. 보호구역 출입증 관리 대책
5. 해당 시설 경비보안 및 보안검색 대책
6. 항공보안장비 관리 및 운용
7. 그 밖에 항공보안에 관한 사항

**제3조의7(자체 보안계획의 변경 등)** ① 법 제10조제2항 단서에서 "국토교통부령으로 정하는 경미한 사항"이란 다음 각 호의 사항을 말한다.

1. 기관 운영에 관한 일반현황의 변경
2. 기관 및 부서의 명칭 변경
3. 항공보안에 관한 법령, 고시 및 지침 등의 변경사항 반영

② 공항운영자등은 제1항에 따라 자체 보안계획을 변경한 경우에는 국토교통부장관 또는 지방항공청장에게 그 사실을 즉시 통보하여야 한다. 〈개정 2013. 3. 23., 2015. 11. 5.〉

18조의2(자체 우발계획의 승인 및 변경 등) ① 국토교통부장관 또는 지방항공청장은 법 제31조제3항 본문에 따라 자체 우발계획을 승인하려는 경우에는 다음 각 호의 사항을 검토하여야 한다.

1. 우발계획과의 적합성
2. 법 제3조에 따른 국제협약 및 「국제민간항공협약」 부속서 17 등과의 적합성

② 법 제31조제3항 단서에서 "국토교통부령으로 정하는 경미한 사항"이란 다음 각 호의 사항을 말한다.

1. 기관 운영에 관한 일반현황의 변경
2. 기관 및 부서의 명칭 변경
3. 항공보안에 관한 법령, 고시 및 지침 등의 변경사항 반영

③ 공항운영자등(공항운영자, 항공운송사업자 중 「항공사업법」 제7조에 따라 면허를 받은 국내항공운송사업자 및 국제항공운송사업자는 제외한다)은 자체 우발계획을 법 제10조제2항에 따른 자체 보안계획에 포함하여 국토교통부장관의 승인을 받을 수 있다.

# 제3장 공항·항공기 등의 보안등[3)]

## 11. 공항시설 등의 보안(제11조)

① 공항운영자는 공항시설과 항행안전시설에 대하여 보안에 필요한 조치를 하여야 한다.
② 공항운영자는 보안검색이 완료된 승객과 완료되지 못한 승객 간의 접촉을 방지하기 위한 대책을 수립·시행하여야 한다.
③ 공항운영자는 보안검색을 거부하거나 무기·폭발물 또는 그 밖에 항공보안에 위협이 되는 물건을 휴대한 승객 등이 보안검색이 완료된 구역으로 진입하는 것을 방지하기 위한 대책을 수립·시행하여야 한다.
④ 공항을 건설하거나 유지·보수를 하는 경우에 불법방해 행위로 부터 사람 및 시설 등을 보호하기 위하여 준수하여야 할 세부 기준은 국토교통부장관이 정한다.

## 12. 공항시설 보호구역의 지정(제12조)

① 공항운영자는 보안검색이 완료된 구역, 활주로, 계류장(繫留場) 등 공항시설의 보호를 위하여 필요한 구역을 국토교통부장관의 승인을 받아 보호구역으로 지정하여야 한다.
② 공항운영자는 필요한 경우 국토교통부장관의 승인을 받아 임시로 보호구역을 지정할 수 있다.
③ 제1항과 제2항에 따른 보호구역의 지정기준 및 지정취소에 관하여 필요한 사항은 국토교통부령으로 정한다.

### 12-1. 시행규칙

제4조(보호구역의 지정) 법 제12조제1항에 따른 보호구역에는 다음 각 호의 지역이 포함되어야 한다.

1. 보안검색이 완료된 구역

3) 법제처(moleg.go.kr/main.html), 항공보안법, 2020, 재구성

2. 출입국심사장
3. 세관검사장
4. 관제탑 등 관제시설
5. 활주로 및 계류장(항공운송사업자가 관리·운영하는 정비시설에 부대하여 설치된 계류장은 제외한다)
6. 항행안전시설 설치지역
7. 화물청사
8. 제4호부터 제7호까지의 규정에 따른 지역의 부대지역

**제5조(보호구역등의 지정승인·변경 및 취소)** ① 공항운영자는 법 제12조에 따라 보호구역 또는 임시보호구역(이하 "보호구역등"이라 한다)의 지정승인을 받으려는 경우에는 다음 각 호의 서류를 첨부하여 지방항공청장에게 제출하여야 한다. 〈개정 2013. 3. 23., 2015. 11. 5.〉

1. 보호구역등의 지정목적
2. 보호구역등의 도면
3. 보호구역등의 출입통제 대책
4. 지정기간(임시보호구역을 지정하는 경우만 해당한다)

② 공항운영자는 지정된 보호구역등의 변경승인을 받으려는 경우에는 다음 각 호의 서류를 첨부하여 지방항공청장에게 제출하여야 한다. 〈개정 2013. 3. 23., 2015. 11. 5.〉

1. 보호구역등의 변경사유
2. 변경하려는 해당 보호구역등의 도면
3. 변경하려는 해당 보호구역등의 출입통제 대책

③ 공항운영자는 지정된 보호구역등의 지정취소의 승인을 받으려는 경우에는 다음 각 호의 서류를 지방항공청장에게 제출하여야 한다.

1. 보호구역등의 지정취소 사유
2. 해당 보호구역등의 도면

## 13. 보호구역에의 출입허가(제13조)

① 다음 각 호의 어느 하나에 해당하는 사람은 공항운영자의 허가를 받아 보호구역에 출입할 수 있다.

1. 보호구역의 공항시설 등에서 상시적으로 업무를 수행하는 사람
2. 공항 건설이나 공항시설의 유지·보수 등을 위하여 보호구역에서 업무를 수행할 필요가 있는 사람
3. 그 밖에 업무수행을 위하여 보호구역에 출입이 필요하다고 인정되는 사람

② 제1항에 따른 출입허가의 절차 등에 관하여 필요한 사항은 국토교통부령으로 정한다.

### 13-1. 시행규칙

제6조(보호구역등에 대한 출입허가 등)

① 법 제13조에 따라 보호구역등을 출입하려는 사람은 공항운영자가 정하는 출입허가신청서를 공항운영자에게 제출하여야 한다. 이 경우 차량을 운행하여 출입하려는 사람은 그 차량에 대하여 따로 차량출입허가신청서를 제출하여야 한다.

② 공항운영자는 법 제13조제1항제1호에 따른 사람에게 보호구역등에 출입허가를 하려면 「보안업무규정」 제33조에 따른 신원조사를 조사기관의 장에게 의뢰하여야 한다.

③ 공항운영자는 보호구역 등의 출입허가를 한 경우에는 신청인에게 공항운영자가 정하는 출입증 또는 차량출입증을 발급하여야 한다. 이 경우 공항운영자가 관할하지 않는 지역의 출입허가를 하려면 관할 행정기관의 장과 미리 협의하여야 한다.

④ 제3항에 따라 출입허가를 받은 사람이 보호구역등으로 출입하는 경우에는 출입증을 달아야 하며, 차량을 운행하여 출입하는 경우에는 해당 차량의 운전석 앞 유리창에도 차량출입증을 붙여야 한다.

⑤ 공항운영자 및 화물터미널운영자는 보호구역등을 출입하는 사람 또는 차량에 대하여 기록하고 이를 작성한 날로부터 1년 이상 보존하여야 한다.

⑥ 출입허가를 갱신하는 경우에 관하여는 제1항부터 제5항까지의 규정을 준용한다.

⑦ 이 규칙에 규정된 사항 외에 보호구역등의 출입허가 및 기록의 작성·보존 등에 필요한 세부사항은 공항운영자 및 화물터미널운영자가 정한다.

## 14. 승객의 안전 및 항공기의 보안(제14조)

① 항공운송사업자는 승객의 안전 및 항공기의 보안을 위하여 필요한 조치를 하여야 한다.
② 항공운송사업자는 승객이 탑승한 항공기를 운항하는 경우 항공기내 보안요원을 탑승시켜야 한다.
③ 항공운송사업자는 국토교통부령으로 정하는 바에 따라 조종실 출입문의 보안을 강화하고 운항중에는 허가받지 아니한 사람의 조종실 출입을 통제하는 등 항공기에 대한 보안조치를 하여야 한다.
④ 항공운송사업자는 매 비행 전에 항공기에 대한 보안점검을 하여야 한다. 이 경우 보안점검에 관한 세부 사항은 국토교통부령으로 정한다.
⑤ 공항운영자 및 항공운송사업자는 액체, 겔(gel)류 등 국토교통부장관이 정하여 고시하는 항공기 내 반입금지 물질이 보안검색이 완료된 구역과 항공기 내에 반입되지 아니하도록 조치하여야 한다.
⑥ 항공운송사업자 또는 항공기 소유자는 항공기의 보안을 위하여 필요한 경우에는 「청원경찰법」에 따른 청원경찰이나 「경비업법」에 따른 특수경비원으로 하여금 항공기의 경비를 담당하게 할 수 있다.

### 14-1. 시행규칙

제7조(항공기 보안조치) ① 항공운송사업자는 법 제14조제3항에 따라 여객기의 보안강화 등을 위하여 조종실 출입문에 다음 각 호의 보안조치를 하여야 한다.
1. 조종실 출입통제 절차를 마련할 것
2. 객실에서 조종실 출입문을 임의로 열 수 없는 견고한 잠금장치를 설치할 것
3. 조종실 출입문열쇠 보관방법을 정할 것
4. 운항중에는 조종실 출입문을 잠글 것
5. 국토교통부장관이 법 제32조에 따라 보안조치한 항공보안시설을 설치할 것
② 항공운송사업자는 법 제14조제4항에 따라 항공기의 보안을 위하여 매 비행 전에 다음 각 호의 보안점검을 하여야 한다.
1. 항공기의 외부 점검
2. 객실, 좌석, 화장실, 조종실 및 승무원 휴게실 등에 대한 점검

3. 항공기의 정비 및 서비스 업무 감독
4. 항공기에 대한 출입 통제
5. 위탁수하물, 화물 및 물품 등의 선적 감독
6. 승무원 휴대물품에 대한 보안조치
7. 특정 직무수행자 및 항공기내 보안요원의 좌석 확인 및 보안조치
8. 보안 통신신호 절차 및 방법
9. 유효 탑승권의 확인 및 항공기 탑승까지의 탑승과정에 있는 승객에 대한 감독
10. 기장의 객실승무원에 대한 통제, 명령 절차 및 확인

③ 항공운송사업자는 제2항제4호에 따른 항공기에 대한 출입통제를 위하여 다음 각 호에 대한 대책을 수립하여야 한다.

1. 탑승계단의 관리
2. 탑승교 출입통제
3. 항공기 출입문 보안조치
4. 경비요원의 배치

## 15. 승객 등의 검색 등(제15조)

① 항공기에 탑승하는 사람은 신체, 휴대물품 및 위탁수하물에 대한 보안검색을 받아야 한다.

② 공항운영자는 항공기에 탑승하는 사람, 휴대물품 및 위탁수하물에 대한 보안검색을 하고, 항공운송사업자는 화물에 대한 보안검색을 하여야 한다. 다만, 관할 국가경찰관서의 장은 범죄의 수사 및 공공의 위험예방을 위하여 필요한 경우 보안검색에 대하여 필요한 조치를 요구할 수 있고, 공항운영자나 항공운송사업자는 정당한 사유 없이 그 요구를 거절할 수 없다.

③ 공항운영자 및 항공운송사업자는 제2항에 따른 보안검색을 직접 하거나 「경비업법」 제4조제1항에 따른 경비업자 중 공항운영자 및 항공운송사업자의 추천을 받아 제6항에 따라 국토교통부장관이 지정한 업체에 위탁할 수 있다.

④ 공항운영자는 제2항에 따른 보안검색에 드는 비용에 충당하기 위하여 「공항시설법」 제32조 및 제50조에 따른 사용료의 일부를 사용할 수 있다.

⑤ 항공운송사업자는 공항 및 항공기의 보안을 위하여 항공기에 탑승하는 승객의 성명, 국적 및 여권번호 등 국토교통부령으로 정하는 운송정보를 공항운영자에게 제공하여야 한다. 이 경우 운송정보 제공 방법 및 절차 등 필요한 사항은 국토교통부령으로 정한다.
⑥ 제2항에 따른 보안검색의 방법 · 절차 · 면제 등에 관하여 필요한 사항은 대통령령으로 정한다.
⑦ 제3항에 따라 보안검색 업무를 위탁받으려는 업체는 국토교통부령으로 정하는 바에 따라 국토교통부장관의 지정을 받아야 한다.
⑧ 국토교통부장관은 제6항에 따라 지정을 받은 업체가 다음 각 호의 어느 하나에 해당하는 경우에는 그 지정을 취소할 수 있다. 다만, 제1호 또는 제2호에 해당하면 지정을 취소하여야 한다.
1. 거짓이나 그 밖의 부정한 방법으로 지정을 받은 경우
2. 「경비업법」에 따른 경비업의 허가가 취소되거나 영업이 정지된 경우
3. 국토교통부령에 따른 지정기준에 미달하게 된 경우. 다만, 일시적으로 지정기준에 미달하게 되어 3개월 이내에 지정기준을 다시 갖춘 경우에는 그러하지 아니하다.
4. 보안검색 업무의 수행 중 고의 또는 중대한 과실로 인명피해가 발생하거나 보안검색에 실패한 경우

## 15-1. 시행령

제10조(승객 및 휴대물품의 보안검색방법 등)
① 공항운영자는 법 제15조에 따라 항공기 탑승 전에 모든 승객 및 휴대물품에 대하여 법 제27조에 따라 국토교통부장관이 고시하는 항공보안장비(이하 "검색장비등"이라 한다)를 사용하여 보안검색을 하여야 한다. 이 경우 승객에 대해서는 문형금속탐지기 또는 원형검색장비를, 휴대물품에 대해서는 엑스선 검색장비를 사용하여 보안검색을 하여야 하며, 폭발물이나 위해물품이 있다고 의심되는 경우에는 폭발물 탐지장비 등 필요한 검색장비 등을 추가하여 보안검색을 하여야 한다.
② 삭제 〈2014. 4. 1.〉
③ 공항운영자는 다음 각 호의 어느 하나에 해당하는 경우에는 승객의 동의를 받아 직접 신체에 대한 검색을 하거나 개봉검색을 하여야 한다. 이 경우 제5호에 해당하는 경우에는 폭발물 흔적탐지장비 등 필요한 검색장비등을 추가하여 보안검색을 하여야 한다.

1. 검색장비 등이 정상적으로 작동하지 아니하는 경우
2. 검색장비 등의 경보음이 울리는 경우
3. 무기류나 위해(危害)물품을 휴대(携帶)하거나 숨기고 있다고 의심되는 경우
4. 엑스선 검색장비에 의한 검색결과 그 내용물을 판독할 수 없는 경우
5. 엑스선 검색장비로 보안검색을 할 수 없는 크기의 단일 휴대물품인 경우

④ 공항운영자는 기내에서 휴대가 금지되는 물품이 항공보안에 위해(危害)가 되지 아니하다고 인정되는 경우에는 위탁수하물로 탑재(搭載)를 하게 할 수 있다.

제11조(위탁수하물의 보안검색방법 등)

① 항공운송사업자는 법 제15조에 따라 탑승권을 소지한 승객의 위탁수하물에 대해서만 공항운영자에게 보안검색을 의뢰하여야 한다. 이 경우 항공운송사업자는 공항운영자에게 보안검색을 의뢰하기 전에 그 위탁수하물이 탑승권을 소지한 승객의 소유인지 및 위해물품인지를 확인하여야 한다.

② 공항운영자는 제1항에 따른 위탁수하물에 대하여 항공기 탑재 전에 엑스선 검색장비를 사용하여 보안검색을 하여야 한다.

③ 공항운영자는 다음 각 호의 어느 하나에 해당하는 경우에는 항공기 탑재 전에 위탁수하물을 개봉하여 그 내용물을 검색하여야 한다. 이 경우 폭발물이나 위해물품이 있다고 의심되는 경우 또는 제3호의2에 해당하는 경우에는 폭발물 흔적탐지장비 등 필요한 검색장비등을 추가하여 보안검색을 하여야 한다.

1. 엑스선 검색장비가 정상적으로 작동하지 아니한 경우
2. 무기류 또는 위해물품이 숨겨져 있다고 의심되는 경우
3. 엑스선 검색장비에 의한 검색결과 그 내용물을 판독할 수 없는 경우

3의2. 엑스선 검색장비로 보안검색을 할 수 없는 크기의 단일 위탁수하물인 경우

4. 제1호부터 제3호까지 및 제3호의2에서 규정한 경우 외에 항공보안에 위협이 증가하는 등 특별한 사유가 발생하는 경우

④ 공항운영자는 보안검색이 끝난 위탁수하물이 보안검색이 완료되지 아니한 위탁수하물과 혼재되지 아니하도록 하여야 한다. 〈개정 2017. 5. 8.〉

⑤ 항공운송사업자는 보안검색이 끝난 위탁수하물을 항공기에 탑재하기 전까지 보호조치를 하여야 하며, 항공기에 탑재된 위탁수하물이 탑승한 승객의 소유인지를 확인하여 그 소유자가 항공기에 탑승하지 아니한 경우에는 그 위탁수하물을 운송해서는 아니 된

다. 다만, 그 위탁수하물에 대한 운송처리를 잘못하여 다른 항공기로 운송하여야 할 경우에는 별도의 보안조치를 한 후에 탑재할 수 있다.

제12조(화물에 대한 보안검색방법 등)

① 법 제15조에 따라 여객기에 탑재하는 화물에 대한 항공운송사업자의 보안검색에 대해서는 제11조제2항 및 제3항을 준용한다.

② 항공운송사업자는 화물기에 탑재하는 화물에 대해서는 다음 각 호의 어느 하나에 해당하는 방법으로 보안검색을 하여야 한다.

1. 개봉검색
2. 엑스선 검색장비에 의한 검색
3. 폭발물 탐지장비 또는 폭발물 흔적탐지장비에 의한 검색
4. 폭발물 탐지견에 의한 검색
5. 압력실을 사용한 검색

제13조(특별 보안검색방법)

① 공항운영자는 법 제15조에 따라 의료보조장치를 착용한 장애인, 임산부 또는 중환자 등 국토교통부장관이 인정하는 사람에 대해서는 보안검색 장소 외의 별도의 장소에서 보안검색을 할 수 있다.

② 공항운영자는 다음 각 호의 요건을 모두 갖춘 외교행낭에 대해서는 개봉검색을 하여서는 아니 된다.

1. 외교행낭은 외교신서사(外交信書使)의 신분을 증명할 수 있는 공문서 및 외교행낭의 수를 표시한 공문서를 소지한 사람과 함께 운송될 것
2. 외교행낭의 외부에 외교행낭임을 알아볼 수 있는 표지와 국가표시가 있을 것

③ 법 제15조에 따라 공항운영자 또는 항공운송사업자는 다음 각 호의 어느 하나에 해당하는 것에 대해서는 개봉검색을 하거나 증명서류 확인 및 폭발물 흔적탐지장비에 의한 검색 등의 방법으로 보안검색을 할 수 있다.

1. 골수 · 혈액 · 조혈모세포(造血母細胞) 등 인체조직과 관련된 의료품
2. 유골, 유해
3. 이식용 장기
4. 살아있는 동물

4의2. 의료용·과학용 필름

5. 제1호부터 제4호까지 및 제4호의2에서 규정한 사항 외에 검색장비등에 의하여 보안검색을 하는 경우 본래의 형질이 손상되거나 변질될 수 있는 것 등으로서 국토교통부장관의 허가를 받은 것

제14조(관할 국가경찰관서의 장의 필요한 조치 요구)

법 제15조제2항 단서에 따라 관할 국가경찰관서의 장은 범죄의 수사 및 공공의 위험예방을 위하여 필요한 경우 공항운영자 또는 항공운송사업자에게 다음 각 호의 필요한 조치를 요구할 수 있다. 다만, 그 이행에 예산이 수반되거나 항공보안검색요원의 증원계획에 관한 사항은 서면으로 요구하여야 한다.

1. 보안검색대상자에 대한 불심검문, 신체 또는 물품의 수색 등에 대한 협력
2. 제10조부터 제12조까지의 규정에 따른 보안검색방법 중 필요하다고 인정되는 방법에 의한 보안검색
3. 보안검색강화를 위한 항공보안검색요원의 증원배치

제15조(보안검색의 면제)

① 다음 각 호의 어느 하나에 해당하는 사람(휴대물품을 포함한다)에 대해서는 법 제15조에 따른 보안검색을 면제할 수 있다. 〈개정 2018. 5. 8.〉

1. 공무로 여행을 하는 대통령(대통령당선인과 대통령권한대행을 포함한다)과 외국의 국가원수 및 그 배우자
2. 국제협약 등에 따라 보안검색을 면제받도록 되어 있는 사람
3. 국내공항에서 출발하여 다른 국내공항에 도착한 후 국제선 항공기로 환승하려는 경우로서 다음 각 목의 요건을 모두 갖춘 승객 및 승무원
   가. 출발하는 국내공항에서 법 제15조제1항에 따른 보안검색을 완료하고 국내선 항공기에 탑승하였을 것
   나. 국제선 항공기로 환승하기 전까지 보안검색이 완료된 구역을 벗어나지 아니할 것

② 다음 각 호의 요건을 모두 갖춘 외교행낭에 대해서는 법 제15조에 따른 보안검색을 면제할 수 있다.

1. 제13조제2항 각 호의 요건을 모두 갖출 것
2. 불법방해 행위를 하는 데에 사용할 수 있는 무기 또는 폭발물 등 위험성이 있는 물건

들이 없다는 것을 증명하는 해당 국가 공관의 증명서를 국토교통부장관이 인증할 것

③ 다음 각 호의 요건을 모두 갖춘 위탁수하물을 환적(換積)하는 경우에는 법 제15조에 따른 보안검색을 면제할 수 있다.

1. 출발 공항에서 탑재 직전에 적절한 수준으로 보안검색이 이루어질 것
2. 출발 공항에서 탑재된 후에 환승 공항에 도착할 때까지 계속해서 외부의 비인가 접촉으로부터 보호받을 것
3. 국토교통부장관이 제1호 및 제2호의 사항을 확인하기 위하여 출발 공항의 보안통제 실태를 직접 확인하고 해당 국가와 협약을 체결할 것

④ 항공운송사업자는 외교신서사가 탑승하지 아니한 경우에는 제2항에 따라 보안검색이 면제된 외교행낭을 운송해서는 아니 된다.

제18조(다른 직무의 금지 등)

공항운영자 · 항공운송사업자 또는 법 제15조제3항(법 제16조 및 제17조제5항에서 준용하는 경우를 포함한다)에 따라 보안검색을 위탁받은 업체는 항공보안검색요원이 보안검색 업무를 수행 중인 때에는 보안검색 업무 외의 다른 업무를 수행하게 하여서는 아니 된다.

## 15-2. 시행규칙

제8조(보안검색위탁업체 지정기준)

법 제15조제3항 및 제7항에 따른 보안검색위탁업체의 지정기준은 다음과 같다.

1. 승객 · 휴대물품 및 위탁수하물 보안검색위탁업체의 지정기준
  가. 인천공항의 경우
    1) 「경비업법」 제4조에 따라 경비업 허가를 받은 법인일 것
    2) 자본금이 10억원 이상일 것
    3) 상시고용직원인 보안검색인력이 100명 이상일 것
  나. 김포 · 김해 및 제주공항의 경우
    1) 「경비업법」 제4조에 따라 경비업 허가를 받은 법인일 것
    2) 자본금이 10억원 이상일 것
    3) 상시고용직원인 보안검색인력이 50명 이상일 것
  다. 가목 및 나목 외의 공항의 경우

1) 「경비업법」 제4조에 따라 경비업 허가를 받은 법인일 것
2) 자본금이 5억원 이상일 것
3) 상시고용직원인 보안검색인력이 10명 이상일 것

2. 화물 보안검색위탁업체의 지정기준
가. 「경비업법」 제4조에 따라 경비업 허가를 받은 법인일 것
나. 자본금이 5억원 이상일 것
다. 상시고용직원인 보안검색인력이 5명 이상일 것

제8조의2(항공기에 탑승하는 승객의 운송정보 제공)

① 법 제15조제5항 전단에서 "항공기에 탑승하는 승객의 성명, 국적, 여권번호 등 국토교통부령으로 정하는 운송정보"란 다음 각 호의 운송정보를 말한다.

1. 승객의 성명
2. 승객의 국적 및 여권번호(국내선의 경우에는 승객식별번호)
3. 승객의 탑승 항공편명 및 운항 일시

② 항공운송사업자는 항공기에 탑승하는 승객에게 탑승권을 발급하였을 때에는 법 제15조제5항 전단에 따라 지체 없이 제1항 각 호의 운송정보를 정보통신망을 통하여 공항운영자에게 제공하여야 한다. 이 경우 운송정보를 제공하는 정보통신망의 운영 등에 관한 세부사항은 항공운송사업자와 공항운영자가 협의하여 정한다.

③ 공항운영자는 제2항 전단에 따라 제공받은 운송정보를 「개인정보 보호법」에 따라 관리하여야 하며, 제공받은 운송정보의 정보주체인 승객이 탑승한 항공기가 해당 공항을 이륙한 즉시 제공받은 운송정보를 폐기하여야 한다.

제8조의3(통과 승객 또는 환승 승객의 운송정보 제공)

법 제17조제4항에서 준용하는 법 제15조제5항에 따라 항공운송사업자가 통과 승객 또는 환승 승객에 대한 운송정보를 공항운영자에게 제공하는 경우에는 제8조의2를 준용한다.

제8조의4(보안검색위탁업체 지정절차 등)

① 법 제15조제3항에 따라 공항운영자 또는 항공운송사업자가 보안검색위탁업체의 지정을 추천하려는 경우에는 별지 제1호서식의 보안검색위탁업체 지정신청서에 지정 대상 보안검색위탁업체에 관한 다음 각 호의 서류를 첨부하여 지방항공청장에게 제출하여야

한다.

1. 「경비업법」에 따른 경비업 허가증
2. 보안검색인력 명단 및 해당 인력의 법 제28조제2항에 따른 교육훈련 이수증
3. 보안검색위탁업체 추천서

② 제1항에 따라 지정신청서를 제출받은 지방항공청장은 「전자정부법」 제36조제1항에 따른 행정정보의 공동이용을 통하여 지정 대상 보안검색위탁업체의 법인 등기사항증명서 및 사업자등록증을 확인하여야 한다. 다만, 해당 업체가 사업자등록증의 확인에 동의하지 아니하는 경우에는 해당 서류를 첨부하게 하여야 한다.

③ 제1항에 따라 지정신청서를 제출받은 지방항공청장은 지정 대상 보안검색위탁업체가 제8조에 따른 지정기준에 적합하다고 인정하는 경우에는 공항운영자 또는 항공운송 사업자에게 별지 제2호서식의 보안검색위탁업체 지정서를 발급하여야 한다.

## 16. 승객이 아닌 사람 등에 대한 검색(제16조)

① 공항운영자는 제13조제1항에 따라 허가를 받아 보호구역으로 들어가는 사람 또는 물품에 대하여도 보안검색을 하여야 한다. 이 경우 보안검색의 방법·절차·면제 및 위탁 등에 관하여는 제15조제2항 단서, 같은 조 제3항 및 제6항부터 제8항까지의 규정을 준용한다.

② 제1항에도 불구하고 화물터미널 내에 지정된 보호구역으로 들어가는 사람 또는 물품에 대한 보안검색은 화물터미널운영자가 하여야 한다. 이 경우 보안검색의 방법·절차·면제 및 위탁 등에 관하여는 제15조제2항 단서, 같은 조 제3항 및 제6항부터 제8항까지의 규정을 준용한다.

### 16-1. 시행령

제15조의2(승객이 아닌 사람 등에 대한 보안검색방법 등)

① 공항운영자 또는 화물터미널운영자가 법 제16조제1항 또는 제2항에 따라 보호구역으로 들어가는 사람에 대하여 보안검색을 하는 경우에는 제10조제1항 및 제3항을 준용한다.

② 공항운영자 또는 화물터미널운영자가 법 제16조제1항 또는 제2항에 따라 보호구역으로 들어가는 물품에 대하여 보안검색을 하는 경우에는 제11조제2항부터 제4항까지를 준용한다.

## 17. 통과 승객 또는 환승 승객에 대한 보안검색 등(제17조)

① 항공운송사업자는 항공기가 공항에 도착하면 통과 승객이나 환승 승객으로 하여금 휴대물품을 가지고 내리도록 하여야 한다.
② 공항운영자는 제1항에 따라 항공기에서 내린 통과 승객, 환승 승객, 휴대물품 및 위탁수하물에 대하여 보안검색을 하여야 한다. 〈개정 2013. 4. 5.〉
③ 제2항에 따른 보안검색에 드는 비용은 공항운영자가 부담하고, 항공운송사업자는 통과 승객이나 환승 승객에 대한 운송정보를 공항운영자에게 제공하여야 한다.
④ 제3항에 따른 운송정보 제공에 대하여는 제15조제5항을 준용한다. 〈개정 2014. 1. 14.〉
⑤ 제2항에 따른 보안검색의 방법 · 절차 · 면제 및 위탁 등에 관하여는 제15조제2항 단서, 같은 조 제3항 및 제6항부터 제8항까지의 규정을 준용한다.

### 17-1. 시행령

제16조(통과 승객 또는 환승 승객의 보안검색방법)
①공항운영자가 법 제17조제2항에 따라 통과 승객 또는 환승 승객에 대하여 보안검색을 하는 경우에는 제10조 · 제11조 · 제13조 및 제15조를 준용한다.

### 17-2. 시행규칙

제8조의3(통과 승객 또는 환승 승객의 운송정보 제공)
법 제17조제4항에서 준용하는 법 제15조제5항에 따라 항공운송사업자가 통과 승객 또는 환승 승객에 대한 운송정보를 공항운영자에게 제공하는 경우에는 제8조의2를 준용한다.

## 17조2. 상용화주(제17조의2)

① 국토교통부장관은 검색장비, 항공보안검색요원 등 국토교통부령으로 정하는 기준을 갖춘 화주(貨主) 또는 항공화물을 포장하여 보관 및 운송하는 자를 지정하여 항공화물 및 우편물에 대하여 보안검색을 실시하게 할 수 있다.

② 국토교통부장관은 제1항에 따라 지정된 자[이하 "상용화주"(常用貨主)라 한다]가 준수하여야 할 화물보안통제절차 등에 관한 항공화물보안기준을 정하여 고시하여야 한다.

③ 항공운송사업자는 제15조제2항에도 불구하고 제1항에 따라 상용화주가 보안검색을 한 항공화물 및 우편물에 대하여는 보안검색을 하지 아니한다. 다만, 다음 각 호에서 정하는 항공화물 및 우편물에 대하여는 보안검색을 실시하여야 한다.

1. 상용화주로부터 접수하였으나 상용화주가 아닌 자가 취급한 경우
2. 접수 · 보안검색 · 운송 등 취급과정에서 상용화주 및 항공운송사업자의 통제를 벗어난 경우
3. 훼손 흔적이 있는 경우
4. 허가받지 아니한 자의 접촉이 발생하였거나 접촉이 의심되는 경우
5. 화물전용기에서 여객기로 옮겨지는 경우
6. 무작위 표본검색 등 국토교통부장관이 정하여 고시한 사항에 해당하는 경우
7. 제15조제2항 단서에 따라 관할 국가경찰관서의 장이 필요한 조치를 요구한 경우
8. 그 밖에 위협정보의 입수 등 항공운송사업자가 보안검색이 필요하다고 인정할 만한 상당한 사유가 있는 경우

④ 상용화주의 지정절차 등에 관하여 필요한 사항은 국토교통부령으로 정한다.

### 17조2-1. 시행규칙

제9조의2(상용화주의 지정기준)

① 법 제17조의2제1항에서 "국토교통부장관이 정하는 기준"이란 다음 각 호와 같다.

1. 다음 각 목에 해당하는 검색장비를 갖출 것
   가. 여객기에 탑재하는 화물의 보안검색을 위한 엑스선 검색장비
   나. 화물기에 탑재하는 화물의 보안검색을 검색장비로 하는 경우에는 엑스선 검색장비, 폭발물 탐지장비 또는 폭발물 흔적탐지장비

2. 항공보안검색요원을 2명 이상 확보할 것
3. 항공화물의 보안을 위해 다음 각 목의 시설을 모두 갖출 것
   가. 화물을 포장 또는 보관할 수 있는 시설로서 일반구역과 분리되어 항공화물에 대한 보안통제가 이루어질 수 있는 시설
   나. 보안검색이 완료된 항공화물이 완료되지 않은 항공화물과 섞이지 않도록 분리할 수 있는 시설
4. 상용화주 지정 신청일 이전 6개월 이내의 기간 중 총 24회 이상 항공화물을 운송 의뢰한 실적이 있을 것
5. 그 밖에 국토교통부장관이 정하여 고시하는 항공화물 보안기준에 적합할 것

② 제1항에도 불구하고 「경비업법」 제4조제1항에 따른 경비업자에게 항공화물의보안검색을 위탁하여 실시하는 경우에는 제1항제1호 또는 제2호를 적용하지 아니할 수 있다.

제9조의3(상용화주의 지정절차 등)

① 법 제17조의2제4항에 따른 상용화주의 지정절차는 다음 각 호와 같다.

1. 상용화주로 지정받으려는 자는 별지 제3호서식의 상용화주 지정신청서에 다음 각 호의 사항을 첨부하여 지방항공청장에게 제출할 것
   가. 보안검색장비 및 항공보안검색요원 등에 관한 사항을 포함한 항공화물 보안프로그램
   나. 「물류정책기본법」 제43조제1항 및 같은 법 시행규칙 제6조제2항에 따른 국제물류주선업등록증(국제물류주선업자만 해당한다)
   다. 삭제 〈2014. 4. 4.〉
   라. 삭제 〈2014. 4. 4.〉
   마. 화물운송 거래실적
   바. 항공화물의보안통제를 담당하는 사람의 명단 및 신원조회 의뢰서
   사. 보안통제 취급직원의 교육이수 증명서

1의2. 제1호에 따라 지정신청서를 제출받은 지방항공청장은 「전자정부법」 제36조제1항에 따른 행정정보의 공동이용을 통하여 법인 등기사항증명서 및 사업자등록증을 확인하여야 한다. 다만, 신청인이 사업자등록증의 확인에 동의하지 아니하는 경우에는 해당 서류를 첨부하게 하여야 한다.

2. 지정신청서를 접수한 지방항공청장은 제9조의2제1항에 따라 상용화주의 지정을 위

해 법 제33조제1항의 항공보안 감독관(이하 "감독관"이라 한다) 등 관계 공무원으로 하여금 심사하도록 할 것. 다만, 필요한 경우 전문가를 위촉하여 심사할 수 있다.

3. 지방항공청장이심사를 완료하고 상용화주로 지정하려는 경우에는 별지 제4호서식의 상용화주 지정서를 발급할 것

② 지방항공청장은 상용화주를 지정한 경우에는 항공운송사업자에게 통보하여야 한다.

## 17조3. 상용화주의 지정취소(제17조의3)

① 국토교통부장관은 상용화주가 다음 각 호의 어느 하나에 해당하는 경우 그 지정을 취소할 수 있다. 다만, 제1호에 해당하면 그 지정을 취소하여야 한다.

1. 거짓이나 그 밖의 부정한 방법으로 지정을 받은 경우
2. 제17조의2제1항의 지정기준에 미달하게 된 경우
3. 제17조의2제2항의 항공화물보안기준을 위반하여 업무를 수행한 경우

② 국토교통부장관은 제1항에 따라 상용화주의 지정을 취소한 경우에는 즉시 항공운송사업자에게 통보하여 항공운송사업자가 보안검색을 하도록 조치하여야 한다.

③ 상용화주 지정취소의 절차 등에 관하여 필요한 사항은 국토교통부령으로 정한다.

## 18. 기내식 등의 통제(제18조)

① 항공운송사업자는 제21조에 따른 위해물품이 기내식(機內食)이나 기내 저장품을 이용하여 항공기 내로 유입되는 것을 방지하기 위하여 필요한 조치를 하여야 한다.

② 기내식 및 기내 저장품 유입·유출의 통제에 대한 세부 사항은 국토교통부령으로 정한다.

### 18-1. 시행규칙

제10조(기내식 등의 통제)

① 항공운송사업자는 법 제18조에 따라 위해물품이 기내식 또는 기내저장품을 이용하여 기내로 유입되지 아니하도록 기내식 또는 기내저장품을 운반하는 사람·차량 및 기내식

제조시설에 대하여 보안대책을 수립하여야 한다.

② 항공운송사업자는 다음 각 호의 어느 하나에 해당하는 경우에는 기내식 또는 기내저장품 등이 기내로 유입되게 하여서는 아니 된다.

1. 외부의 침입흔적이 있는 경우
2. 항공운송사업자가 지정한 사람에 의하여 검사·확인되지 아니한 경우
3. 기내식 용기 등에 위해물품이 들어있다고 의심이 되는 경우

## 19. 보안검색 실패 등에 대한 대책(제19조)

① 공항운영자, 항공운송사업자 및 화물터미널운영자는 다음 각 호의 사항이 발생한 경우에는 즉시 국토교통부장관에게 보고하여야 한다.

1. 검색장비가 정상적으로 작동되지 아니한 상태로 검색을 하였거나 검색이 미흡한 사실을 알게 된 경우
2. 허가받지 아니한 사람 또는 물품이 보호구역 또는 항공기 안으로 들어간 경우
3. 그 밖에 항공보안에 우려가 있는 것으로서 국토교통부령으로 정하는 사항

② 국토교통부장관은 제1항에 따른 보고를 받은 경우에는 다음 각 호의 구분에 따라 항공보안을 위한 필요한 조치를 하여야 한다.

1. 항공기가 출발하기 전에 보고를 받은 경우: 해당 항공기에 대한 보안검색 등의 보안조치
2. 항공기가 출발한 후 보고를 받은 경우: 해당 항공기가 도착하는 국가의 관련 기관에 대한 통보

③ 국토교통부장관은 다른 국가로부터 제1항 각 호의 어느 하나에 해당하는 사항을 통보받은 경우에는 해당 항공기를 격리계류장으로 유도하여 보안검색 등 보안조치를 하여야 한다.

### 19-1. 시행규칙

제11조(보안검색 실패 등에 대한 보고)

법 제19조제1항제3호에 따라 공항운영자·항공운송사업자·화물터미널운영자는 다음

각 호의 어느 하나에 해당하는 경우 지방항공청장에게 보고하여야 하며, 제1호의 사항에 대하여는 관련 행정기관에 지체 없이 통보하여야 한다.

1. 법 제2조제8호의 불법방해행위가 발생한 경우
2. 「항공보안법 시행령」(이하 "영"이라 한다) 제10조부터 제12조까지 및 제16조에 따른 보안검색방법에 따라 보안검색이 이루어지지 아니한 경우
3. 법 제28조에 따른 교육훈련을 이수하지 아니한 사람에 의하여 보안검색이 이루어진 경우
4. 무기 · 폭발물 등에 의하여 항공기에 대한 위협이 증가하는 경우

## 20. 비행 서류의 보안관리 절차 등(제20조)

① 항공운송사업자는 탑승권, 수하물 꼬리표 등 비행 서류에 대한 보안관리 대책을 수립 · 시행하여야 한다.

② 제1항에 따른 비행 서류의 보안관리를 위한 세부 사항은 국토교통부령으로 정한다.

### 20-1. 시행규칙

제12조(비행 서류의 보안관리)

① 항공운송사업자는 법 제20조에 따른 비행 서류를 다음 각 호와 같이 관리하여야 한다.

1. 비행 서류의 취급절차 등 보안관리를 위한 지침을 마련할 것
2. 비행 서류의 보안관리를 위한 보안담당자 및 취급자를 지정할 것
3. 비행 서류의 보관장소를 지정할 것

② 항공운송사업자는 탑승권 · 수하물꼬리표 · 승객탑승명세서 · 화물탑재명세서 · 위험물 보고서 · 무기운송 보고서 등 비행 서류를 작성한 날부터 1년 이상 보존하여야 한다.

③ 제2항에 따라 비행 서류를 보존할 때 컴퓨터 등의 정보처리장치에 의하여 생산 · 관리되는 기록정보 자료(이하 "전자기록물"이라 한다)로 보존할 수 있다.

# 제4장 항공기 내의 보안[4)]

## 21. 무기 등 위해물품 휴대 금지(제21조)

① 누구든지 항공기에 무기[탄저균(炭疽菌), 천연두균 등의 생화학무기를 포함한다], 도검류(刀劍類), 폭발물, 독극물 또는 연소성이 높은 물건 등 국토교통부장관이 정하여 고시하는 위해물품을 가지고 들어가서는 아니 된다.
② 제1항에도 불구하고 경호업무, 범죄인 호송업무 등 대통령령으로 정하는 특정한 직무를 수행하기 위하여 대통령령으로 정하는 무기의 경우에는 국토교통부장관의 허가를 받아 항공기에 가지고 들어갈 수 있다.
③ 제2항에 따라 항공기에 무기를 가지고 들어가려는 사람은 탑승 전에 이를 해당 항공기의 기장에게 보관하게 하고 목적지에 도착한 후 반환받아야 한다. 다만, 제14조제2항에 따라 항공기 내에 탑승한 항공기 내 보안요원은 그러하지 아니하다.
④ 항공기 내에 제2항에 따른 무기를 반입하고 입국하려는 항공보안에 관한 업무를 수행하는 외국인 또는 외국국적 항공운송사업자는 항공기 출발 전에 국토교통부장관으로부터 미리 허가를 받아야 한다.
⑤ 제2항 및 제4항에 따른 항공기 내 무기 반입 허가절차 등에 관하여 필요한 사항은 국토교통부령으로 정한다.

### 21-1. 시행령

제18조의2(특정 직무의 수행) 법 제21조제2항에서 "경호업무, 범죄인 호송업무 등 대통령령으로 정하는 특정한 직무"란 다음 각 호의 업무를 말한다.

1. 「대통령 등의 경호에 관한 법률」에 따른 경호업무
2. 「경찰관 직무집행법」에 따른 요인(要人)경호업무
3. 외국정부의 중요 인물을 경호하는 해당 정부의 경호업무
4. 법 제24조에 따른 호송대상자에 대한 호송업무
5. 항공기 내의 불법 방해행위를 방지하는 항공기내 보안요원의 업무

4) 법제처(moleg.go.kr/main.html), 항공보안법, 2020, 재구성

제19조(기내 반입무기) 법 제21조제2항에서 “대통령령으로 정하는 무기”란 다음 각 호의 무기를 말한다.

1. 「총포 · 도검 · 화약류 등의 안전관리에 관한 법률 시행령」 제3조에 따른 권총
2. 「총포 · 도검 · 화약류 등의 안전관리에 관한 법률 시행령」 제6조의2에 따른 분사기
3. 「총포 · 도검 · 화약류 등의 안전관리에 관한 법률 시행령」 제6조의3에 따른 전자충격기
4. 국제협약 또는 외국정부와의 합의서에 의하여 휴대가 허용되는 무기

## 21-2. 시행규칙

제12조의2(기내 무기 반입 허가절차)

① 법 제21조제5항에 따라 항공기 내에 무기를 가지고 들어가려는 사람은 항공기 탑승 최소 3일 전에 다음 각 호의 사항을 지방항공청장에게 신청하여야 한다. 다만, 긴급한 경호 업무 및 범죄인 호송업무는 탑승 전까지 그 사실을 유선 등으로 미리 통보하여야 하고, 항공기 탑승 후 3일 이내에 서면으로 제출하여야 한다.

1. 무기 반입자의 성명
2. 무기 반입자의 생년월일
3. 무기 반입자의 여권번호(외국인만 해당한다)
4. 항공기의 탑승일자 및 편명
5. 무기 반입 사유
6. 무기의 종류 및 수량
7. 그 밖에 기내 무기반입에 필요한 사항

② 지방항공청장은 항공기 내 무기 반입의 허가 신청을 받은 경우 영 제18조의2에 따른 특정한 직무에 해당하고 영 제19조에 따른 무기의 종류에 적합한 경우에는 허가하여야 한다.

③ 지방항공청장은 제2항에 따라 항공기 내 무기 반입을 허가한 경우 이를 관련기관에 통보하여야 한다.

④ 외국국적 항공기 내에 무기를 반입하여 우리나라로 운항하는 경우에도 제1항부터 제3항까지의 규정을 준용한다.

## 22. 기장 등의 권한(제22조)

① 기장이나 기장으로부터 권한을 위임받은 승무원(이하 "기장등"이라 한다) 또는 승객의 항공기 탑승 관련 업무를 지원하는 항공운송사업자 소속 직원 중 기장의 지원요청을 받은 사람은 다음 각 호의 어느 하나에 해당하는 행위를 하려는 사람에 대하여 그 행위를 저지하기 위한 필요한 조치를 할 수 있다.

1. 항공기의 보안을 해치는 행위
2. 인명이나 재산에 위해를 주는 행위
3. 항공기 내의 질서를 어지럽히거나 규율을 위반하는 행위

② 항공기 내에 있는 사람은 제1항에 따른 조치에 관하여 기장등의 요청이 있으면 협조하여야 한다.

③ 기장등은 제1항 각 호의 행위를 한 사람을 체포한 경우에 항공기가 착륙하였을 때에는 체포된 사람이 그 상태로 계속 탑승하는 것에 동의하거나 체포된 사람을 항공기에서 내리게 할 수 없는 사유가 있는 경우를 제외하고는 체포한 상태로 이륙하여서는 아니 된다.

④ 기장으로부터 권한을 위임받은 승무원 또는 승객의 항공기 탑승 관련 업무를 지원하는 항공운송사업자 소속 직원 중 기장의 지원요청을 받은 사람이 제1항에 따른 조치를 할 때에는 기장의 지휘를 받아야 한다.

## 23. 승객의 협조의무(제23조)

① 항공기 내에 있는 승객은 항공기와 승객의 안전한 운항과 여행을 위하여 다음 각 호의 어느 하나에 해당하는 행위를 하여서는 아니 된다.

1. 폭언, 고성방가 등 소란행위
2. 흡연(흡연구역에서의 흡연은 제외한다)
3. 술을 마시거나 약물을 복용하고 다른 사람에게 위해를 주는 행위
4. 다른 사람에게 성적(性的) 수치심을 일으키는 행위
5. 「항공안전법」 제73조를 위반하여 전자기기를 사용하는 행위
6. 기장의 승낙 없이 조종실 출입을 기도하는 행위

7. 기장등의 업무를 위계 또는 위력으로써 방해하는 행위

② 승객은 항공기 내에서 다른 사람을 폭행하거나 항공기의 보안이나 운항을 저해하는 폭행 · 협박 · 위계행위(危計行爲) 또는 출입문 · 탈출구 · 기기의 조작을 하여서는 아니 된다.

③ 승객은 항공기가 착륙한 후 항공기에서 내리지 아니하고 항공기를 점거하거나 항공기 내에서 농성하여서는 아니 된다.

④ 항공기 내의 승객은 항공기의 보안이나 운항을 저해하는 행위를 금지하는 기장등의 정당한 직무상 지시에 따라야 한다.

⑤ 항공운송사업자는 금연 등 항공기와 승객의 안전한 운항과 여행을 위한 규제로 인하여 승객이 받는 불편을 줄일 수 있는 방안을 마련하여야 한다.

⑥ 기장 등은 승객이 항공기 내에서 제1항제1호부터 제5호까지의 어느 하나에 해당하는 행위를 하거나 할 우려가 있는 경우 이를 중지하게 하거나 하지 말 것을 경고하여 사전에 방지하도록 노력하여야 한다.

⑦ 항공운송사업자는 다음 각 호의 어느 하나에 해당하는 사람에 대하여 탑승을 거절할 수 있다.

1. 제15조 또는 제17조에 따른 보안검색을 거부하는 사람
2. 음주로 인하여 소란행위를 하거나 할 우려가 있는 사람
3. 항공보안에 관한 업무를 담당하는 국내외 국가기관 또는 국제기구 등으로부터 항공기 안전운항을 해칠 우려가 있어 탑승을 거절할 것을 요청받거나 통보받은 사람
4. 그 밖에 항공기 안전운항을 해칠 우려가 있어 국토교통부령으로 정하는 사람

⑧ 누구든지 공항에서 보안검색 업무를 수행 중인 항공보안검색요원 또는 보호구역에의 출입을 통제하는 사람에 대하여 업무를 방해하는 행위 또는 폭행 등 신체에 위해를 주는 행위를 하여서는 아니 된다.

⑨ 항공운송사업자는 항공기가 이륙하기 전에 승객에게 국토교통부장관이 정하는 바에 따라 승객의 협조의무를 영상물 상영 또는 방송 등을 통하여 안내하여야 한다.

## 23-1. 시행규칙

### 제13조(탑승거절 대상자)

① 항공운송사업자는 법 제23조제7항제4호에 따라 다음 각 호의 어느 하나에 해당하는 사람에 대하여 탑승을 거절할 수 있다.

1. 법 제14조제1항에 따른 항공운송사업자의 승객의 안전 및 항공기의 보안을 위하여 필요한 조치를 거부한 사람
2. 법 제23조제1항제3호에 따른 행위로 승객 및 승무원 등에게 위해를 가할 우려가 있는 사람
3. 법 제23조제2항의 행위를 한 사람
4. 법 제23조제4항에 따른 기장 등의 정당한 직무상 지시를 따르지 아니한 사람
5. 탑승권 발권 등 탑승수속 시 위협적인 행동, 공격적인 행동, 욕설 또는 모욕을 주는 행위 등을 하는 사람으로서 다른 승객의 안전 및 항공기의 안전운항을 해칠 우려가 있는 사람

② 항공운송사업자가 제1항에 따라 탑승을 거절하는 경우에는 그 사유를 탑승이 거절되는 사람에게 고지하여야 한다.

## 24. 수감 중인 사람 등의 호송(제24조)

① 사법경찰관리 또는 법 집행 권한이 있는 공무원은 항공기를 이용하여 피의자, 피고인, 수형자(受刑者), 그 밖에 기내 보안에 위해를 일으킬 우려가 있는 사람(이하 이 조에서 "호송대상자"라 한다)을 호송할 경우에는 미리 해당 항공운송사업자에게 통보하여야 한다.

② 제1항에 따른 통보사항에는 호송대상자의 인적사항, 호송 이유, 호송방법 및 호송 안전조치 등에 관한 사항이 포함되어야 한다.

③ 제1항에 따라 통보를 받은 항공운송사업자는 호송대상자가 항공기, 승무원 및 승객의 안전에 위협이 된다고 판단되는 경우에는 사법경찰관리 등 호송 공무원에게 적절한 안전조치를 요구할 수 있다.

④ 호송대상자의 호송방법, 호송조건 등에 관하여 필요한 사항은 국토교통부령으로 정한다.

## 24-1. 시행규칙

제14조(수감 중인 사람 등에 대한 호송방법 등)

① 법 제24조제1항에 따른 통보를 받은 항공운송사업자는 호송대상자가 탑승하는 항공기의 기장에게는 호송사실을, 호송대상자를 호송하는 사법경찰관리 또는 법 집행 권한이 있는 공무원에게는 호송대상자의 좌석 및 안전조치 요구사항 등을 각각 통보하여야 한다.

② 법 제24조제4항에 따라 항공운송사업자는 호송대상자가 항공기에 탑승하는 경우 승객의 안전을 위하여 다음 각 호의 필요한 조치를 하여야 한다.

1. 호송대상자의 탑승절차를 별도로 마련할 것
2. 호송대상자의 좌석은 승객의 안전에 위협이 되지 아니하도록 배치할 것
3. 호송대상자에게 술을 제공하지 아니할 것
4. 호송대상자에게 철제 식기류를 제공하지 아니할 것

## 25. 범인의 인도 · 인수(제25조)

① 기장 등은 항공기 내에서 이 법에 따른 죄를 범한 범인을 직접 또는 해당 관계 기관 공무원을 통하여 해당 공항을 관할하는 국가경찰관서에 통보한 후 인도하여야 한다.

② 기장 등이 다른 항공기 내에서 죄를 범한 범인을 인수한 경우에 그 항공기 내에서 구금을 계속할 수 없을 때에는 직접 또는 해당 관계 기관 공무원을 통하여 해당 공항을 관할하는 국가경찰관서에 지체 없이 인도하여야 한다.

③ 제1항 및 제2항에 따라 범인을 인도받은 국가경찰관서의 장은 범인에 대한 처리 결과를 지체 없이 해당 항공운송 사업자에게 통보하여야 한다.

## 26. 예비조사(제26조)

① 국가경찰관서의 장은 제25조제1항 및 제2항에 따라 범인을 인도받은 경우에는 범행에 대한 범인의 조사, 증거물의 제출요구 또는 증인에 대한 진술확보 등 예비조사를 할

수 있다.
② 국가경찰관서의 장은 제1항에 따른 예비조사를 하는 경우에 해당 항공기의 운항을 부당하게 지연시켜서는 아니 된다.

# 제5장 항공보안장비 등5)

## 27. 항공보안장비 성능 인증 등(제27조)

① 장비운영자가 이 법에 따른 보안검색을 하는 경우에는 국토교통부장관으로부터 성능 인증을 받은 항공보안장비를 사용하여야 한다.
② 제1항에 따른 항공보안장비의 성능 인증을 위한 기준·방법·절차 및 장비운영자가 사용하는 항공보안장비의 성능 검사 등 운영에 필요한 사항은 국토교통부령으로 정한다.
③ 국토교통부장관은 성능 인증을 받은 항공보안장비의 종류, 운영, 유지관리 등에 관한 기준을 정하여 고시하여야 한다.
④ 국토교통부장관은 제1항에 따라 성능 인증을 받은 항공보안장비가 계속하여 성능을 유지하고 있는지를 확인하기 위하여 국토교통부령으로 정하는 바에 따라 정기적으로 또는 수시로 점검을 실시하여야 한다.
⑤ 우리나라와 항공보안장비 성능 상호인증 협약이 체결된 국가로부터 그 성능을 인증받은 항공보안장비는 제1항의 규정에도 불구하고 우리나라의 항공보안장비 성능 인증을 받은 것으로 본다. 다만, 국토교통부장관은 상호인증 협약을 체결하였을 때에는 그 내용을 고시하여야 한다.

### 27-1. 시행령

제10조(승객 및 휴대물품의 보안검색방법 등)
① 공항운영자는 법 제15조에 따라 항공기 탑승 전에 모든 승객 및 휴대물품에 대하여

5) 법제처(moleg.go.kr/main.html), 항공보안법, 2020, 재구성

법 제27조에 따라 국토교통부장관이 고시하는 항공보안장비(이하 "검색장비 등"이라 한다)를 사용하여 보안검색을 하여야 한다. 이 경우 승객에 대해서는 문형금속탐지기 또는 원형검색장비를, 휴대물품에 대해서는 엑스선 검색장비를 사용하여 보안검색을 하여야 하며, 폭발물이나 위해물품이 있다고 의심되는 경우에는 폭발물 탐지장비 등 필요한 검색장비등을 추가하여 보안검색을 하여야 한다.

② 삭제 〈2014. 4. 1.〉

③ 공항운영자는 다음 각 호의 어느 하나에 해당하는 경우에는 승객의 동의를 받아 직접 신체에 대한 검색을 하거나 개봉검색을 하여야 한다. 이 경우 제5호에 해당하는 경우에는 폭발물 흔적탐지장비 등 필요한 검색장비 등을 추가하여 보안검색을 하여야 한다.

1. 검색장비 등이 정상적으로 작동하지 아니하는 경우
2. 검색장비 등의 경보음이 울리는 경우
3. 무기류나 위해(危害)물품을 휴대(携帶)하거나 숨기고 있다고 의심되는 경우
4. 엑스선 검색장비에 의한 검색결과 그 내용물을 판독할 수 없는 경우
5. 엑스선 검색장비로 보안검색을 할 수 없는 크기의 단일 휴대물품인 경우

④ 공항운영자는 기내에서 휴대가 금지되는 물품이 항공보안에 위해(危害)가 되지 아니하다고 인정되는 경우에는 위탁수하물로 탑재(搭載)를 하게 할 수 있다.

## 27-2. 시행규칙

제14조의2(항공보안장비의 성능 인증 신청)

법 제27조제1항에 따른 항공보안장비의 성능 인증을 받으려는 항공보안장비의 제작자 또는 수입업자는 별지 제4호의2서식에 따른 항공보안장비 성능 인증 신청서에 다음 각 호의 서류를 첨부해서 국토교통부장관(법 제27조의3 및 영 제19조의2에 따라 「항공안전기술원법」에 따른 항공안전기술원에 인증업무를 위탁하는 경우에는 항공안전기술원을 말한다. 이하 "인증기관"이라 한다)에 제출해야 한다. 이 경우 담당 공무원은 「전자정부법」 제36조제1항에 따른 행정정보의 공동이용을 통해서 법인 등기사항증명서(법인인 경우만 해당한다)를 확인해야 한다.

1. 사업자등록증 사본
2. 국내에 거주하는 대리인임을 증명하는 서류(대리인이 신청하는 경우에 한한다)
3. 항공보안장비의 성능 제원표 및 시험용 물품(테스트 키트)에 관한 서류

4. 항공보안장비의 외관도 및 사용자 설명서
5. 항공보안장비의 구조 · 운영방법 · 유지관리 등에 대한 설명서
6. 성능 인증 품질시스템(제14조의3제1항제1호에 따른 성능 인증 기준에 적합한 항공보안장비를 생산하거나 수입할 수 있는 능력)을 증명하는 자료
7. 항공보안장비의 사후관리를 위한 시설 · 기술인력을 확보하고 있는 사실을 증명하는 서류(최초로 성능 인증을 신청하는 경우에 한한다)
8. 국토교통부장관이 정해서 고시하는 서류로서 항공보안장비의 성능 인증 기준을 갖추었음을 증명하는 서류(해당하는 경우에 한한다)

제14조의5(항공보안장비의 성능 검사)

① 장비운영자는 법 제27조제2항에 따라 사용하는 항공보안장비를 내용연수(「물품관리법」 제16조의2제1항에 따라 조달청장이 정한 경제적 사용연수를 말한다)를 연장해 계속 사용하려면 인증기관이 실시하는 항공보안장비의 성능 검사를 받아야 한다.

② 제1항에 따른 항공보안장비의 성능 검사의 기준 · 방법 및 절차 등에 관한 사항은 국토교통부장관이 정해서 고시한다.

제14조의11(수수료)

① 법 제27조의6에 따라 항공보안장비 성능 인증을 받으려는 자가 내야 하는 수수료의 산정기준은 별표 4와 같다.

② 법 제27조제1항에 따라 항공보안장비 성능 인증을 받으려는 자는 다음 각 호의 구분에 따라 인증기관 또는 시험기관에 수수료를 내야 한다.

1. 제14조의2에 따른 항공보안장비의 성능 인증 신청 및 제14조의4에 따른 성능평가시험에 관한 수수료
2. 제14조의5에 따른 성능 검사에 관한 수수료

③ 인증기관 또는 시험기관은 제2항 각 호에 따른 수수료 외에 별도의 부과금을 받을 수 없다.

④ 제1항 및 제2항에서 규정한 사항 외에 수수료 금액, 납부기간, 납부방법 등에 대한 세부 사항은 인증기관 또는 시험기관이 따로 정해서 공고해야 한다.

## 27조2. 항공보안장비 성능 인증의 취소(제27조의2)

국토교통부장관은 성능 인증을 받은 항공보안장비가 다음 각 호의 어느 하나에 해당하는 경우에는 그 인증을 취소할 수 있다. 다만, 제1호에 해당하는 때에는 그 인증을 취소하여야 한다.

1. 거짓이나 그 밖의 부정한 방법으로 인증을 받은 경우
2. 항공보안장비가 제27조제2항에 따른 성능 기준에 적합하지 아니하게 된 경우
3. 제27조제4항에 따른 점검을 정당한 사유 없이 받지 아니한 경우
4. 제27조제4항에 따른 점검을 실시한 결과 중대한 결함이 있다고 판단될 경우

## 27조3. 인증업무의 위탁(제27조의3)

국토교통부장관은 인증업무의 전문성과 신뢰성을 확보하기 위하여 제27조에 따른 항공보안장비의 성능 인증 및 점검 업무를 대통령령으로 정하는 기관(이하 “인증기관”이라 한다)에 위탁할 수 있다.

### 27조3-1. 시행령

제19조의2(인증업무의 위탁)

법 제27조의3에서 “대통령령으로 정하는 기관”이란 「항공안전기술원법」에 따른 항공안전기술원을 말한다.

## 27조4. 시험기관의 지정(제27조의4)

① 국토교통부장관은 제27조에 따른 성능 인증을 위하여 항공보안장비의 성능을 평가하는 시험(이하 “성능평가시험”이라 한다)을 실시하는 기관(이하 “시험기관”이라 한다)을 지정할 수 있다.

② 제1항에 따라 시험기관 지정을 받으려는 법인이나 단체는 국토교통부령으로 정하는 지정기준을 갖추어 국토교통부장관에게 지정신청을 하여야 한다.

## 27조4-1. 시행규칙

제14조의7(시험기관의 지정 등)

① 법 제27조의4제2항에서 "국토교통부령으로 정하는 지정기준"이란 별표 2에 따른 기준을 말한다.

② 법 제27조의4에 따라 시험기관으로 지정을 받으려는 법인이나 단체는 별지 제4호의5서식에 따른 항공보안장비 시험기관 지정 신청서에 다음 각 호의 서류를 첨부해서 국토교통부장관에게 제출해야 한다. 이 경우 담당 공무원은 「전자정부법」 제36조제1항에 따른 행정정보의 공동이용을 통해서 법인 등기사항증명서(법인인 경우만 해당한다)를 확인해야 한다.

1. 성능평가시험을 위한 조직, 인력 및 시험 설비 현황 등을 적은 사업계획서
2. 성능평가시험을 수행하기 위한 절차 및 방법 등을 적은 업무규정
3. 법인의 정관 또는 단체의 규약
4. 사업자등록증 및 인감증명서(법인인 경우에 한한다)
5. 제1항에 따른 시험기관 지정기준을 갖추었음을 증명하는 서류

③ 국토교통부장관은 제2항에 따라 시험기관 지정신청을 받은 때에는 현장평가 등이 포함된 심사계획서를 작성해서 신청자에게 통보하고 그 심사계획에 따라 심사해야 한다.

④ 국토교통부장관은 제3항에 따른 심사 결과 제1항에 따른 지정기준을 갖추었다고 인정하는 때에는 별지 제4호의6서식에 따른 항공보안장비 시험기관 지정서를 발급해야 한다. 이 경우 다음 각 호의 사항을 관보에 고시해야 한다.

1. 시험기관의 명칭
2. 시험기관의 소재지
3. 지정 일자 및 지정번호
4. 업무 수행 범위
5. 그 밖에 국토교통부장관이 정하는 사항

⑤ 제1항부터 제4항까지에서 규정한 사항 외에 시험기관 지정 및 심사 등에 관해 필요한 사항은 국토교통부장관이 정해서 고시한다.

## 27조5. 시험기관의 지정취소 등(제27조의5)

① 국토교통부장관은 제27조의4에 따라 시험기관으로 지정받은 법인이나 단체가 다음 각 호의 어느 하나에 해당하는 경우에는 그 지정을 취소하거나 1년 이내의 기간을 정하여 그 업무의 전부 또는 일부의 정지를 명할 수 있다. 다만, 제1호 또는 제2호에 해당하는 때에는 그 지정을 취소하여야 한다.
1. 거짓이나 그 밖의 부정한 방법을 사용하여 시험기관으로 지정을 받은 경우
2. 업무정지 명령을 받은 후 그 업무정지 기간에 성능평가시험을 실시한 경우
3. 정당한 사유 없이 성능평가시험을 실시하지 아니한 경우
4. 제27조제2항에 따른 기준·방법·절차 등을 위반하여 성능평가시험을 실시한 경우
5. 제27조의4제2항에 따른 시험기관 지정기준을 충족하지 못하게 된 경우
6. 성능평가시험 결과를 거짓으로 조작하여 수행한 경우

② 제1항에 따른 지정취소와 업무정지의 기준 등에 관하여 필요한 사항은 국토교통부령으로 정한다.

### 27조5-1. 시행규칙

제14조의8(시험기관의 지정취소 등)

① 법 제27조의5제2항에서 "지정취소와 업무정지의 기준"이란 별표 3에 따른 기준을 말한다.

② 국토교통부장관은 제1항에 따라 시험기관의 지정을 취소하거나 업무의 정지를 명한 경우에는 지체 없이 그 사실을 관보에 고시해야 한다.

## 27조6. 수수료(27조의6)

제27조제1항에 따라 항공보안장비 성능 인증을 받으려는 자는 국토교통부령으로 정하는 바에 따라 인증기관 및 시험기관에 수수료를 내야 한다.

## 27조6-1. 시행규칙

제14조의11(수수료)

① 법 제27조의6에 따라 항공보안장비 성능 인증을 받으려는 자가 내야 하는 수수료의 산정기준은 별표 4와 같다.

② 법 제27조제1항에 따라 항공보안장비 성능 인증을 받으려는 자는 다음 각 호의 구분에 따라 인증기관 또는 시험기관에 수수료를 내야 한다.

1. 제14조의2에 따른 항공보안장비의 성능 인증 신청 및 제14조의4에 따른 성능평가시험에 관한 수수료
2. 제14조의5에 따른 성능 검사에 관한 수수료

③ 인증기관 또는 시험기관은 제2항 각 호에 따른 수수료 외에 별도의 부과금을 받을 수 없다.

④ 제1항 및 제2항에서 규정한 사항 외에 수수료 금액, 납부기간, 납부방법 등에 대한 세부 사항은 인증기관 또는 시험기관이 따로 정해서 공고해야 한다.

## 28. 교육훈련 등(제28조)

① 국토교통부장관은 항공보안에 관한 업무수행자의 교육에 필요한 사항을 정하여야 한다.

② 보안검색 업무를 감독하거나 수행하는 사람은 국토교통부장관이 지정한 교육기관에서 검색방법, 검색절차, 검색장비의 운용, 그 밖에 보안검색에 필요한 교육훈련을 이수하여야 한다.

③ 제2항에 따른 교육기관으로 지정받으려는 자가 갖추어야 하는 시설·장비 및 인력 등의 지정기준에 대하여는 국토교통부령으로 정한다.

④ 국토교통부장관은 교육기관으로 지정받은 자가 다음 각 호의 어느 하나에 해당하는 경우에는 그 지정을 취소할 수 있다. 다만, 제1호에 해당하면 지정을 취소하여야 한다.

1. 거짓이나 그 밖의 부정한 방법으로 교육기관의 지정을 받은 경우
2. 제3항의 지정기준에 미달하게 된 경우. 다만, 일시적으로 지정기준에 미달하게 되어 3개월 내에 지정기준을 다시 갖춘 경우에는 그러하지 아니하다.
3. 교육의 전 과정을 2년 이상 운영하지 아니한 경우

⑤ 교육기관의 지정이나 교육훈련에 관하여 필요한 사항은 국토교통부장관이 정한다.

### 28-1. 시행규칙

제15조(보안검색교육기관의 지정 등)

① 법 제28조제2항에 따라 보안검색교육기관으로 지정받으려는 자는 별지 제5호서식의 보안검색교육기관 지정신청서에 다음 각 호의 사항이 포함된 교육계획서를 첨부하여 국토교통부장관에게 제출하여야 한다.

1. 교육과정 및 교육내용
2. 교관의 자격 · 경력 및 정원 등의 현황
3. 교육시설 및 교육장비의 현황
4. 교육평가방법
5. 연간 교육계획
6. 교육규정

② 법 제28조제2항에 따른 보안검색교육기관의 시설 · 장비 및 인력 등의 지정기준은 별표와 같다.

③ 국토교통부장관은 제1항에 따라 제출된 신청서류를 심사하여 그 내용이 제2항에 따른 지정기준에 적합한 경우에는 보안검색교육기관으로 지정하고, 별지 제6호서식의 보안검색교육기관 지정서를 발급하여야 한다.

④ 보안검색교육기관은 제1항 각 호의 사항에 변경이 있는 경우에는 그 변경내용을 국토교통부장관에게 보고하여야 한다.

## 29. 검색 기록의 유지(제29조)

공항운영자 및 항공운송사업자 또는 보안검색을 위탁받은 검색업체는 검색요원의 업무, 현장교육훈련 기록 등의 보안검색에 관한 기록을 국토교통부령으로 정하는 바에 따라 작성 · 유지하여야 한다.

### 29-1. 시행규칙

제16조(보안검색기록의 작성 등) ① 법 제29조에 따라 공항운영자·항공운송사업자 또는 보안검색을 위탁받은 검색 업체는 다음 각 호의 사항이 포함된 보안검색에 관한 기록을 작성하여 1년 이상 보존하여야 한다.

1. 보안검색 업무를 수행한 항공보안검색요원·감독자의 성명 및 근무시간
2. 항공보안장비의 점검 및 운용에 관한 사항
3. 법 제21조에 따른 무기 등 위해물품 적발 현황 및 적발된 위해물품의 처리 결과
4. 항공보안검색요원에 대한 현장교육훈련 기록
5. 그 밖에 보안검색 업무 수행 중에 발생한 특이사항

② 제1항에 따른 보안검색 기록은 전자기록물로 보존할 수 있다.

# 제6장 항공보안 위협에 대한 대응[6]

## 30. 항공보안을 위협하는 정보의 제공(제30조)

① 국토교통부장관은 항공보안을 해치는 정보를 알게 되었을 때에는 관련 행정기관, 국제민간항공기구, 해당 항공기 등록국가의 관련 기관 및 항공기 소유자 등에 그 정보를 제공하여야 한다.

② 제1항에 따른 정보 제공의 절차 및 협력사항 등에 관한 세부 사항은 국토교통부령으로 정한다.

### 30-1. 시행규칙

제17조(정보의 제공) 법 제30조에 따라 국토교통부장관이 정보를 제공하여야 할 대상은 다음 각 호와 같다.

6) 법제처(moleg.go.kr/main.html), 항공보안법, 2020, 재구성

1. 영 제2조제2항제1호에 따른 행정기관
2. 해당 항공기 등록국가 및 운영국가의 관련 기관
3. 항공기 승객이 외국인인 경우 해당 국가의 관련 기관
4. 국제민간항공기구(ICAO)

## 31. 국가항공보안 우발계획 등의 수립(제31조)

① 국토교통부장관은 민간항공에 대한 불법방해행위에 신속하게 대응하기 위하여 국가항공보안 우발계획을 수립·시행하여야 한다.

② 공항운영자등은 제1항의 국가항공보안 우발계획에 따라 자체 우발계획을 수립·시행하여야 한다.

③ 공항운영자등은 제2항에 따라 자체 우발계획을 수립 또는 변경하는 경우에는 국토교통부장관의 승인을 받아야 한다. 다만, 국토교통부령으로 정하는 경미한 사항을 변경하는 경우에는 그러하지 아니하다.

④ 제1항부터 제3항까지의 규정에 따른 국가항공보안 우발계획 및 자체 우발계획의 구체적인 내용, 수립기준 및 승인절차 등에 관하여 필요한 사항은 국토교통부령으로 정한다.

### 31-1. 시행규칙

제18조(국가항공보안 우발계획 등의 내용)

① 법 제31조제1항에 따른 우발계획에는 다음 각 호의 사항이 포함되어야 한다.

1. 영 제2조제2항제1호에 따른 행정기관의 역할
2. 항공보안등급 발령 및 등급별 조치사항
3. 불법방해행위 대응에 관한 기본대책
4. 불법방해행위 유형별 대응대책
5. 위협평가 및 위험관리에 관한 사항
6. 그 밖에 항공보안에 관하여 필요한 사항

② 공항운영자등이 법 제31조제2항에 따라 수립하는 자체 우발계획에는 다음 각 호의 구분에 따른 사항이 포함되어야 한다.

1. 공항운영자의 자체 우발계획
  가. 영 제2조제2항제1호에 따른 행정기관의 역할
  나. 공항시설 위협시의 대응대책
  다. 항공기 납치시의 대응대책
  라. 폭발물 또는 생화학무기 위협시의 대응대책
2. 항공운송사업자의 자체 우발계획
  가. 공항시설 위협시의 대응대책
  나. 항공기납치 방지대책
  다. 폭발물 또는 생화학무기 위협시의 대응대책
3. 항공기취급업체 · 항공기정비업체 · 공항상주업체(보호구역 안에 있는 업체만 해당한다), 항공여객 · 화물터미널 운영자, 도심공항터미널을 경영하는 자의 자체 우발계획
  가. 공항시설 위협시의 대응대책
  나. 폭발물 또는 생화학무기 위협시의 대응대책

제18조의2(자체 우발계획의 승인 및 변경 등)

① 국토교통부장관 또는 지방항공청장은 법 제31조제3항 본문에 따라 자체 우발계획을 승인하려는 경우에는 다음 각 호의 사항을 검토하여야 한다.

1. 우발계획과의 적합성
2. 법 제3조에 따른 국제협약 및 「국제민간항공협약」 부속서 17 등과의 적합성

② 법 제31조제3항 단서에서 "국토교통부령으로 정하는 경미한 사항"이란 다음 각 호의 사항을 말한다.

1. 기관 운영에 관한 일반현황의 변경
2. 기관 및 부서의 명칭 변경
3. 항공보안에 관한 법령, 고시 및 지침 등의 변경사항 반영

③ 공항운영자등(공항운영자, 항공운송사업자 중 「항공사업법」 제7조에 따라 면허를 받은 국내항공운송사업자 및 국제항공운송사업자는 제외한다)은 자체 우발계획을 법 제10조제2항에 따른 자체 보안계획에 포함하여 국토교통부장관의 승인을 받을 수 있다.

## 32. 보안조치(제32조)

국토교통부장관은 민간항공에 대한 위협에 신속한 대응이 필요한 경우에는 공항운영자등에 대하여 필요한 조치를 할 수 있다.

## 33. 항공보안 감독(제33조)

① 국토교통부장관은 소속 공무원을 항공보안 감독관으로 지정하여 항공보안에 관한 점검업무를 수행하게 하여야 한다.

② 국토교통부장관은 대통령령으로 정하는 바에 따라 관계 행정기관과 합동으로 공항 및 항공기의 보안실태에 대하여 현장점검을 할 수 있다.

③ 국토교통부장관은 제1항 및 제2항에 따른 점검업무의 수행에 필요하다고 인정하는 경우에는 공항운영자등에게 필요한 서류 및 자료를 제출하게 할 수 있다.

④ 국토교통부장관은 제1항 및 제2항에 따른 점검 결과 그 개선이나 보완이 필요하다고 인정하는 경우에는 공항운영자등에게 시정조치 또는 그 밖의 보안대책 수립을 명할 수 있다.

⑤ 제1항 또는 제2항에 따라 점검을 하는 경우에는 점검 7일 전까지 점검일시, 점검이유 및 점검내용 등에 대한 점검계획을 점검 대상자에게 통지하여야 한다. 다만, 긴급한 경우 또는 사전에 통지하면 증거인멸 등으로 점검 목적을 달성할 수 없다고 인정하는 경우에는 그러하지 아니하다.

⑥ 항공보안 감독관은 항공보안에 관한 점검업무 수행을 위하여 필요한 경우에는 항공기 및 공항시설에 출입하여 검사할 수 있다.

⑦ 제1항, 제2항 및 제6항에 따라 점검을 하는 공무원은 그 권한을 표시하는 증표를 지니고 이를 관계인에게 보여주어야 한다.

⑧ 제1항에 따른 항공보안 감독관의 지정·운영 및 점검업무 등에 대한 세부 사항은 국토교통부령으로 정한다.

## 33-1. 시행령

제19조의3(합동 현장점검의 실시)

① 법 제33조제2항에 따라 국토교통부장관이 관계 행정기관과 합동으로 현장점검을 실시할 수 있는 경우는 다음 각 호와 같다.

1. 국가원수 또는 국제기구의 대표 등 국내외 중요인사가 참석하는 국제회의가 개최되는 경우
2. 올림픽경기대회 · 아시아경기대회 또는 국제박람회 등 국제행사가 개최되는 경우
3. 국내외 정보수사기관으로부터 구체적 테러 첩보 또는 보안위협 정보를 알게 된 경우
4. 제1호부터 제3호까지에서 규정한 경우 외에 공항시설 및 항공기의 보안 유지를 위하여 국토교통부장관이 필요하다고 인정하는 경우

② 제1항에 따라 합동으로 현장점검을 실시하려는 행정기관은 그 필요성 및 점검항목 등에 관하여 미리 국토교통부장관과 협의하여야 한다. 다만, 긴급을 요하는 경우에는 그러하지 아니하다.

## 33조2. 항공보안 자율신고(제33조의2)

① 민간항공의 보안을 해치거나 해칠 우려가 있는 사실로서 국토교통부령으로 정하는 사실을 안 사람은 국토교통부장관에게 그 사실을 신고(이하 이 조에서 “항공보안 자율신고”라 한다)할 수 있다.

② 국토교통부장관은 항공보안 자율신고를 한 사람의 의사에 반하여 신고자의 신분을 공개하여서는 아니 되며, 그 신고 내용을 보안사고 예방 및 항공보안 확보 목적 외의 다른 목적으로 사용하여서는 아니 된다.

③ 공항운영자등은 소속 임직원이 항공보안 자율신고를 한 경우에는 그 신고를 이유로 해고, 전보, 징계, 그 밖에 신분이나 처우와 관련하여 불이익한 조치를 하여서는 아니 된다.

④ 국토교통부장관은 제1항 및 제2항에 따른 항공보안 자율신고의 접수 · 분석 · 전파에 관한 업무를 대통령령으로 정하는 바에 따라 「한국교통안전공단법」에 따른 한국교통안전공단에 위탁할 수 있다. 이 경우 위탁받은 업무에 종사하는 한국교통안전공단의 임직원은 「형법」 제129조부터 제132조까지의 규정을 적용할 때에는 공무원으로 본다. 〈개

정 2017. 10. 24.〉

⑤ 항공보안 자율신고의 신고방법 및 신고처리절차 등에 관하여 필요한 사항은 국토교통부령으로 정한다.

## 33조2-1. 시행규칙

제19조의2(항공보안 자율신고의 절차 등)

① 법 제33조의2제1항에서 "국토교통부령으로 정하는 사실"이란 다음 각 호의 어느 하나에 해당하는 사실을 말한다.

1. 불법방해행위가 시도되거나 발생될 가능성이 있는 사실
2. 법 제10조제2항에 따른 자체 보안계획을 이행하지 아니한 사실
3. 보안검색이 완료된 승객과 완료되지 못한 승객이 접촉한 사실
4. 법 제13조제1항을 위반하여 공항운영자의 허가를 받지 아니하고 보호구역에 진입한 사실
5. 법 제14조제4항을 위반하여 항공기에 대한 보안점검을 실시하지 아니한 사실
6. 법 제15조제1항, 제16조 및 제17조제2항에 따라 보안검색이 이루어지지 아니한 사실
7. 법 제21조를 위반하여 위해물품을 항공기 내에 반입한 사실
8. 법 제31조제2항에 따라 자체 우발계획을 이행하지 아니한 사실
9. 법 제32조에 따른 보안조치를 공항운영자등이 이행하지 아니한 사실
10. 그 밖에 항공보안을 해치거나 해칠 우려가 있는 사실

② 법 제33조의2제1항에 따라 항공보안 자율신고를 하려는 자는 별지 제7호서식에 따른 항공보안 자율신고서 또는 국토교통부장관이 정하여 고시하는 전자적인 신고방법에 따라 「교통안전공단법」에 따른 교통안전공단에 신고하여야 한다.

③ 제2항에 따른 항공보안 자율신고를 접수한 교통안전공단은 분기별로 해당 신고 현황을 국토교통부장관에게 보고하여야 한다. 다만, 긴급한 조치가 필요한 신고의 경우에는 신고를 받은 후 지체 없이 국토교통부장관에게 보고하여야 한다.

④ 제3항에 따른 보고를 받은 국토교통부장관은 신고사항을 조사하여 항공보안을 위하여 필요한 조치를 하거나 항공보안 대책을 마련하여야 한다.

⑤ 제1항부터 제4항까지의 규정에서 정한 사항 외에 항공보안 자율신고의 접수·분석 및 전파 등에 관하여 필요한 사항은 국토교통부장관이 정하여 고시한다.

# 제7장 보칙[7]

## 34. 재정 지원(제34조)

국가는 예산의 범위에서 항공보안 업무 수행에 필요한 비용을 지원할 수 있다.

## 35. 감독(제35조)

① 국토교통부장관은 이 법 또는 이 법에 따른 명령이나 처분을 위반하는 행위에 대하여는 시정명령 등 필요한 조치를 할 수 있다.
② 국토교통부장관은 항공보안장비의 안전 및 적합성을 확보하기 위하여 인증기관 및 시험기관에 대하여 필요한 범위에서 지도·감독을 할 수 있다. 〈신설 2017. 10. 24.〉
③ 국토교통부장관은 제2항에 따라 감독상 필요하다고 인정되는 경우에는 인증기관 및 시험기관의 운영과 업무의 처리에 관한 명령을 할 수 있으며, 소속 공무원으로 하여금 그 장부와 전표, 서류, 시설 등을 검사하게 할 수 있다. 이 경우 검사를 하는 공무원은 그 권한을 표시하는 증표를 지니고 이를 관계인에게 내보여야 한다.

## 35조2. 항공보안정보체계의 구축(제35조의2)

① 국토교통부장관은 항공보안정보의 체계적인 관리 및 정보공유를 위하여 항공보안정보체계를 구축·운영할 수 있다.
② 국토교통부장관은 항공보안정보체계의 구축·운영에 필요한 자료의 제출 또는 정보의 제공을 공항운영자등에게 요청할 수 있다. 이 경우 자료의 제출이나 정보의 제공을 요구받은 자는 정당한 사유가 없으면 이에 따라야 한다.

## 36. 제36조 삭제 〈2012. 1. 26.〉

7) 법제처(moleg.go.kr/main.html), 항공보안법, 2020, 재구성

## 37. 청문(제37조)

국토교통부장관은 다음 각 호의 어느 하나에 해당하는 취소처분을 하려면 청문을 하여야 한다.

1. 제15조제8항(제16조제1항 후단, 제2항 후단 및 제17조제5항에서 준용하는 경우를 포함한다)에 따른 위탁업체 지정의 취소
2. 제17조의3제1항에 따른 상용화주 지정의 취소
3. 제27조의5에 따른 시험기관 지정의 취소
4. 제28조제4항에 따른 교육기관 지정의 취소

## 38. 권한의 위임 · 위탁(제38조)

① 이 법에 따른 국토교통부장관의 권한은 대통령령으로 정하는 바에 따라 그 일부를 지방항공청장에게 위임할 수 있다. 이 경우 지방항공청장은 위임받은 권한의 일부를 국토교통부장관의 승인을 받아 소속 기관의 장에게 재위임할 수 있다. 〈개정 2013. 3. 23., 2013. 4. 5.〉

② 이 법에 따른 국토교통부장관의 권한은 대통령령으로 정하는 바에 따라 그 일부를 다른 행정청이나 행정청이 아닌 자에게 위탁할 수 있다.

## 38. 벌칙 적용에서 공무원 의제(제38조의2)

항공보안장비 성능 인증 및 성능평가시험에 관한 업무에 종사하는 인증기관 및 시험기관의 임직원은 「형법」 제129조부터 제132조까지의 규정에 따른 벌칙을 적용할 때에는 공무원으로 본다.

# 제8장 벌칙[8)]

## 39. 항공기 파손죄(제39조)

① 운항중인 항공기의 안전을 해칠 정도로 항공기를 파손한 사람(「항공안전법」 제138조 제1항에 해당하는 사람은 제외한다)은 사형, 무기징역 또는 5년 이상의 징역에 처한다.
② 계류 중인 항공기의 안전을 해칠 정도로 항공기를 파손한 사람은 7년 이하의 징역에 처한다.

## 40. 항공기 납치죄 등(제40조)

① 폭행, 협박 또는 그 밖의 방법으로 항공기를 강탈하거나 그 운항을 강제한 사람은 무기 또는 7년 이상의 징역에 처한다.
② 제1항의 죄를 범하여 사람을 사상(死傷)에 이르게 한 사람은 사형 또는 무기징역에 처한다.
③ 제1항의 미수범은 처벌한다.
④ 제1항 또는 제2항의 죄를 범할 목적으로 예비 또는 음모한 사람은 5년 이하의 징역에 처한다. 다만, 그 목적한 죄를 실행에 옮기기 전에 자수한 사람에 대하여는 그 형을 감경하거나 면제할 수 있다.

## 41. 항공시설 파손죄(제41조)

① 항공기 운항과 관련된 항공시설을 파손하거나 조작을 방해함으로써 항공기의 안전운항을 해친 사람(「항공안전법」 제140조에 해당하는 사람은 제외한다)은 10년 이하의 징역에 처한다.
② 제1항의 죄를 범하여 사람을 사상에 이르게 한 사람은 사형, 무기징역 또는 7년 이상의 징역에 처한다.

---

8) 법제처(moleg.go.kr/main.html), 항공보안법, 2020, 재구성

## 42. 항공기 항로 변경죄(제42조)

위계 또는 위력으로써 운항중인 항공기의 항로를 변경하게 하여 정상 운항을 방해한 사람은 1년 이상 10년 이하의 징역에 처한다.

## 43. 직무집행방해죄(제43조)

폭행 · 협박 또는 위계로써 기장등의 정당한 직무집행을 방해하여 항공기와 승객의 안전을 해친 사람은 10년 이하의 징역에 처한다.

## 44. 항공기 위험물건 탑재죄(제44조)

제21조를 위반하여 휴대 또는 탑재가 금지된 물건을 항공기에 휴대 또는 탑재하거나 다른 사람으로 하여금 휴대 또는 탑재하게 한 사람은 2년 이상 5년 이하의 징역 또는 2천만원 이상 5천만원 이하의 벌금에 처한다.

## 45. 공항운영 방해죄(제45조)

거짓된 사실의 유포, 폭행, 협박 및 위계로써 공항운영을 방해한 사람은 5년 이하의 징역 또는 5천만원 이하의 벌금에 처한다.

## 46. 항공기 내 폭행죄 등(제46조)

① 제23조제2항을 위반하여 항공기의 보안이나 운항을 저해하는 폭행 · 협박 · 위계행위 또는 출입문 · 탈출구 · 기기의 조작을 한 사람은 10년 이하의 징역에 처한다.

② 제23조제2항을 위반하여 항공기 내에서 다른 사람을 폭행한 사람은 5년 이하의 징역에 처한다.

## 47. 항공기 점거 및 농성죄(제47조)

제23조제3항을 위반하여 항공기를 점거하거나 항공기 내에서 농성한 사람은 3년 이하의 징역 또는 3천만원 이하의 벌금에 처한다.

## 48. 운항 방해정보 제공죄(제48조)

항공운항을 방해할 목적으로 거짓된 정보를 제공한 사람은 3년 이하의 징역 또는 3천만원 이하의 벌금에 처한다.

## 49. 벌칙(제49조)

① 제23조제1항제7호를 위반하여 기장등의 업무를 위계 또는 위력으로써 방해한 사람은 10년 이하의 징역 또는 1억원 이하의 벌금에 처한다.
② 다음 각 호의 어느 하나에 해당하는 사람은 3년 이하의 징역 또는 3천만원 이하의 벌금에 처한다.
1. 제23조제1항제6호를 위반하여 조종실 출입을 기도한 사람
2. 제23조제4항을 위반하여 기장등의 지시에 따르지 아니한 사람

## 50. 벌칙(제50조)

① 제23조제8항을 위반하여 공항에서 보안검색 업무를 수행 중인 항공보안검색요원 또는 보호구역에의 출입을 통제하는 사람에 대하여 업무를 방해하는 행위 또는 폭행 등 신체에 위해를 주는 행위를 한 사람은 5년 이하의 징역 또는 5천만원 이하의 벌금에 처한다.
② 운항 중인 항공기 내에서 다음 각 호의 어느 하나에 해당하는 사람은 3년 이하의 징역 또는 3천만원 이하의 벌금에 처한다.

1. 제23조제1항제1호를 위반하여 폭언, 고성방가 등 소란행위를 한 사람
2. 제23조제1항제3호를 위반하여 술을 마시거나 약물을 복용하고 다른 사람에게 위해를 주는 행위를 한 사람

③ 다음 각 호의 어느 하나에 해당하는 자는 5천만원 이하의 벌금에 처한다.

1. 제10조제2항을 위반하여 자체 보안계획을 수립하지 아니한 자
2. 제15조를 위반하여 보안검색 업무를 하지 아니하거나 소홀히 한 사람
3. 제31조제2항을 위반하여 자체 우발계획을 수립하지 아니한 자

④ 다음 각 호의 어느 하나에 해당하는 자는 3천만원 이하의 벌금에 처한다.

1. 제10조제2항을 위반하여 자체 보안계획의 승인을 받지 아니한 자
2. 제16조 또는 제17조를 위반하여 보안검색 업무를 하지 아니하거나 소홀히 한 사람
3. 제31조제3항을 위반하여 자체 우발계획의 승인을 받지 아니한 자

⑤ 계류 중인 항공기 내에서 다음 각 호의 어느 하나에 해당하는 사람은 2천만원 이하의 벌금에 처한다.

1. 제23조제1항제1호를 위반하여 폭언, 고성방가 등 소란행위를 한 사람
2. 제23조제1항제3호를 위반하여 술을 마시거나 약물을 복용하고 다른 사람에게 위해를 주는 행위를 한 사람

⑥ 운항 중인 항공기 내에서 다음 각 호의 어느 하나에 해당하는 사람은 1천만원 이하의 벌금에 처한다.

1. 제23조제1항제2호를 위반하여 흡연을 한 사람
2. 제23조제1항제4호를 위반하여 다른 사람에게 성적(性的) 수치심을 일으키는 행위를 한 사람
3. 제23조제1항제5호를 위반하여 전자기기를 사용한 사람

⑦ 계류 중인 항공기 내에서 다음 각 호의 어느 하나에 해당하는 사람은 5백만원 이하의 벌금에 처한다.

1. 제23조제1항제2호를 위반하여 흡연을 한 사람
2. 제23조제1항제4호를 위반하여 다른 사람에게 성적(性的) 수치심을 일으키는 행위를 한 사람
3. 제23조제1항제5호를 위반하여 전자기기를 사용한 사람

⑧ 제13조제1항을 위반하여 공항운영자의 허가를 받지 아니하고 보호구역에 출입한 사람은 100만원 이하의 벌금에 처한다.

## 50조2. 양벌규정(제50조의2)

법인의 대표자나 법인 또는 개인의 대리인, 사용인, 그 밖의 종업원이 그 법인 또는 개인의 업무에 관하여 제50조의 어느 하나에 해당하는 위반행위를 하면 그 행위자를 벌하는 외에 그 법인 또는 개인에게도 해당 조문의 벌금형을 과(科)한다. 다만, 법인 또는 개인이 그 위반행위를 방지하기 위하여 해당 업무에 관하여 상당한 주의와 감독을 게을리 하지 아니한 경우에는 그러하지 아니하다.

## 51. 과태료(제51조)

① 다음 각 호의 어느 하나에 해당하는 자에게는 1천만원 이하의 과태료를 부과한다.

1. 제10조제2항에 따라 승인받은 자체 보안계획을 이행하지 아니한 자(국가항공보안계획과 관련되는 부분만 해당한다)
2. 제14조제2항을 위반하여 항공기내보안요원을 탑승시키지 아니한 항공운송사업자
3. 제14조제4항을 위반하여 항공기에 대한 보안점검을 실시하지 아니한 항공운송사업자
4. 제17조제1항을 위반하여 통과 승객이나 환승 승객에게 휴대물품을 가지고 내리도록 조치하지 아니한 항공운송사업자
5. 제19조제1항을 위반하여 국토교통부장관에게 보고하지 아니한 자

5의2. 제25조제1항을 위반하여 항공기 내에서 죄를 범한 범인을 관할 국가경찰관서에 인도하지 아니한 기장등이 소속된 항공운송사업자

6. 제27조를 위반하여 국토교통부장관의 성능 인증을 받은 항공보안장비를 사용하지 아니한 자

6의2. 제27조에 따른 항공보안장비 성능 인증을 위한 기준과 절차 등을 위반한 인증기관 및 시험기관

7. 제31조제3항에 따라 승인받은 자체 우발계획을 이행하지 아니한 자(국가항공보안 우발계획과 관련되는 부분만 해당한다)
8. 제32조에 따른 보안조치를 이행하지 아니한 자
9. 제33조제4항에 따른 시정조치 또는 명령을 이행하지 아니한 자
10. 제33조의2제3항을 위반하여 불이익한 조치를 한 자

11. 제35조에 따른 시정명령 등 필요한 조치를 이행하지 아니한 자

② 다음 각 호의 어느 하나에 해당하는 자에게는 500만원 이하의 과태료를 부과한다.

1. 제23조제9항에 따른 안내를 하지 아니한 항공운송사업자
2. 제29조를 위반하여 보안검색에 관한 기록을 작성·유지하지 아니한 자
3. 제33조제3항에 따른 점검업무의 수행에 필요한 서류 및 자료를 제출하지 아니하거나 거짓의 자료를 제출한 자

③ 제17조제1항에 따른 항공운송사업자의 지시에도 불구하고 휴대물품을 가지고 내리지 아니한 사람에게는 100만원 이하의 과태료를 부과한다. 〈개정 2013. 4. 5.〉

④ 제1항부터 제3항까지의 규정에 따른 과태료는 대통령령으로 정하는 바에 따라 국토교통부장관이 부과·징수한다.

## 51-1. 시행규칙

제21조(과태료의 부과기준)

법 제51조제1항부터 제3항까지의 규정에 따른 과태료의 부과기준은 별표와 같다.

# 제9장 항공보안법 연혁[9)]

항공보안법은 1974년 12월26일 법률 제2742호로 제정되었다. 제정이유는 항공기에 대한 범죄 특히 운항 중 납치사건이 빈번하게 발생됨을 감안하여 국제적 노력의 결과 각국은 국제협약을 받아들여 국내입법하고 있는 추세에 비추어 우리나라에서도 이를 입법화함으로써 항공기의 안전운항기준과 대형화하는 항공기의 발달에 따른 범죄양태 구성요건과 형량을 규정하려는 것이다. 현재까지 총 30차에 걸쳐 제·개정 되었으며, 주요 제·개정 연혁을 살펴보면 아래와 같다.

9) 법제처(moleg.go.kr/main.html), 항공보안법, 2020, 재구성

## 1. 항공보안법[시행 2018. 10. 25.] [법률 제14954호, 2017. 10. 24., 일부개정

항공보안장비 성능 인증제를 도입하여 국가인증을 의무화하고, 항공보안장비의 종류·운영·유지관리 등에 관한 기준을 국토교통부장관이 고시토록 하며, 항공보안장비 인증기관과 시험기관을 분리 운영하되, 인증·시험기관을 국토교통부장관이 지도·감독할 수 있도록 하는 한편, 불법성에 상응하는 처벌이 되도록 법정형의 편차를 조정하기 위하여 항공기 운항과 관련된 항공시설을 파손하거나 조작을 방해함으로써 항공기의 안전운항을 해친 사람에 대한 법정형을 10년 이하의 징역으로 하되, 사람을 사상에 이르게 한 사람은 사형, 무기징역 또는 7년 이상의 징역으로 하려는 것임.

## 2. 항공보안법[시행 2018. 2. 10.] [법률 제14870호, 2017. 8. 9., 일부개정]

상용화주의 화물은 예외적인 경우를 제외하고는 이중 보안검색 없이 항공기에 탑재하도록 함으로써 상용화주의 보안검색 책임을 명확히 하고, 항공보안정보화체계 구축·운영의 법적 근거를 마련함.

또한 항공기의 이륙 전에 승객의 협조의무를 영상물 상영 또는 방송 등을 통하여 안내하도록 하고, 위해물품을 항공기에 휴대 또는 탑재하는 사람 등에 대한 형벌의 종류에 2년 이상 5년 이하의 징역형 외에 2천만원 이상 5천만원 이하의 벌금형을 추가함으로써 항공기 내에서의 불법행위를 방지하고 위반행위의 양태에 따른 적절한 처벌이 이루어질 수 있도록 하려는 것임.

## 3. 항공보안법[시행 2018. 1. 1.] [법률 제14939호, 2017. 10. 24., 타법개정]

교통안전공단의 명칭을 '한국교통안전공단'으로 변경하고, 공단의 사업에 교통 및 자동차 정보시스템 운영과 정보 제공에 관한 사업 등을 포함시키는 한편, 공단이 관리하는 시설을 이용하는 자에게 사용료를 징수할 수 있도록 함으로써 공단의 법적 지위를 명확히 하고 공단 운영의 효율성을 제고하려는 것임.

## 4. 항공보안법[시행 2017. 11. 10.] [법률 제14870호, 2017. 8. 9., 일부개정]

## 5. 항공보안법[시행 2017. 3. 30.] [법률 제14116호, 2016. 3. 29., 타법개정]

1961년 제정된 「항공법」은 항공사업, 항공안전, 공항시설 등 항공 관련 분야를 망라하고 있어 국제기준 변화에 신속히 대응하는데 미흡한 측면이 있고, 여러 차례의 개정으로 법체계가 복잡하여 국민이 이해하기 어려우므로, 항공 관련 법규의 체계와 내용을 알기 쉽도록 하기 위하여 「항공법」을 「항공사업법」, 「항공안전법」 및 「공항시설법」으로 분법하여 국제기준 변화에 탄력적으로 대응하고, 국민이 이해하기 쉽도록 하는 한편, 「항공안전법」에서는 항공기의 등록 · 안전성인증, 항공기운항규칙 등 항공안전에 관한 사항을 규정하고, 국제민간항공기구(ICAO)의 국제기준 개정에 따른 안전기준을 반영하며, 항공안전관리시스템의 도입 대상을 확대하는 등 현행 제도의 운영상 나타난 일부 미비점을 개선 · 보완하려는 것임.

## 6. 항공보안법[시행 2017. 3. 30.] [법률 제14115호, 2016. 3. 29., 타법개정]

1961년 제정된 「항공법」은 항공사업, 항공안전, 공항시설 등 항공 관련 분야를 망라하고 있어 국제기준 변화에 신속히 대응하는데 미흡한 측면이 있고, 여러 차례의 개정으로 법체계가 복잡하여 국민이 이해하기 어려우므로, 항공 관련 법규의 체계와 내용을 알기 쉽도록 하기 위하여 「항공법」을 「항공사업법」, 「항공안전법」 및 「공항시설법」으로 분법하여 국제기준 변화에 탄력적으로 대응하고, 국민이 이해하기 쉽도록 하는 한편, 「항공사업법」에서는 항공운송사업 등 항공사업에 관한 분야와 「항공운송사업 진흥법」을 통합하고, 경량항공기서비스업을 도입하며, 각 항공사업별로 과징금의 상한을 합리적으로 조정하고, 항공요금을 유류할증료 등을 포함한 총액요금으로 표시하도록 하는 등 현행 제도의 운영상 나타난 일부 미비점을 개선 · 보완하려는 것임.

## 7. 항공보안법[시행 2017. 3. 30.] [법률 제14113호, 2016. 3. 29., 타법개정]

1961년 제정된 「항공법」은 항공사업, 항공안전, 공항시설 등 항공 관련 분야를 망라하고 있어 국제기준 변화에 신속히 대응하는데 미흡한 측면이 있고, 여러 차례의 개정으로 법체계가 복잡하여 국민이 이해하기 어려우므로, 항공 관련 법규의 체계와 내용을 알기 쉽도록 하기 위하여 「항공법」을 「항공사업법」, 「항공안전법」 및 「공항시설법」으로 분법하여 국제기준 변화에 탄력적으로 대응하고, 국민이 이해하기 쉽도록 하는 한편, 「공항시설법」에서는 공항개발, 항행안전시설 설치 등 공항시설에 관한 분야와 「수도권신공항건설 촉진법」을 통합하고, 개발사업 시행자에 대한 재정지원 및 토지수용 근거를 마련하며, 비행장 개발예정지역 내의 행위제한 근거를 마련하고, 개발사업 실시계획승인 시 관계 행정기관의 장과의 협의기간을 단축하는 등 현행 제도의 운영상 나타난 일부 미비점을 개선 · 보완하려는 것임.

## 8. 항공보안법[시행 2017. 3. 21.] [법률 제14724호, 2017. 3. 21., 일부개정]

기내폭행이나 기장 등의 업무를 방해하는 등 항공기에 위협을 가하는 행위에 대한 처벌을 강화하고, 항공기 탑승객 및 물품 등에 대한 보안검색 업무를 강화하여 항공기의 안전운항 및 승객들의 안전을 제고하려는 것임.

## 9. 항공보안법[시행 2016. 1. 19.] [법률 제13811호, 2016. 1. 19., 일부개정]

항공기내 각종 불법행위 방지를 위하여 사전에 안내방송을 하는 등 노력해 왔으나 항공안전을 저해하는 기내 소란행위가 근절되지 않아 이에 대한 대책마련이 요구되고 있음.

이에 따라 운항 중인 항공기 내에서의 소란행위에 대하여 처벌을 강화하고, 기장 등의 업무를 위계 또는 위력으로써 방해하는 행위에 대하여 처벌하는 조항을 신설하는 한편, 승객의 협조의무 위반에 대한 처벌의 전제요건이던 기장의 사전경고 관련 내용을 삭제하여 승객의 협조의무 위반에 대한 처벌의 실효성을 확보하고자 하는 것임.

## 10. 항공보안법[시행 2014. 4. 6.] [법률 제12257호, 2014. 1. 14., 일부개정]

항공운송사업자가 항공기에 탑승하는 승객의 성명, 국적 및 여권번호 등 운송정보를 공항운영자에게 제공하여 본인여부를 확인할 수 있도록 함으로써 공항 및 항공기의 보안을 강화하려는 것임.

## 11. 항공보안법[시행 2014. 4. 6.] [법률 제11932호, 2013. 7. 16., 일부개정]

기장 등의 업무를 방해하는 행위에 대한 제재를 신설함으로써 항공안전을 확보하려는 것임.

## 12. 항공보안법[시행 2014. 4. 6.] [법률 제11753호, 2013. 4. 5., 일부개정]

항공보안 업무에 관한 내용을 체계적으로 규율하기 위하여 이 법의 제명을 「항공보안법」으로 변경하고, 민간항공에 대한 불법방해행위에 신속하게 대응하기 위하여 국가항공보안 우발계획의 수립근거를 마련하며, 민간항공 보안업무의 효율적 추진을 위하여 항공보안 자율신고제도를 도입하고, 항공보안과 관련된 벌칙 및 과태료 규정을 합리적으로 정비하는 등 현행 제도의 운영상 나타난 일부 미비점을 개선·보완하려는 것임.

## 13. 항공안전 및 보안에 관한 법률[시행 2013. 3. 23.] [법률 제11690호, 2013. 3. 23., 타법개정]

국가 성장동력의 양대 핵심 축인 과학기술과 정보통신기술을 창조경제의 원천으로 활용하여 경제부흥을 뒷받침할 수 있도록 정부 조직체계를 재설계하고, 국민생활 전반에 영향을 미치는 안전 관련 업무 기능을 강화하여 국민의 안전을 최우선으로 하는 정부를 구현하는 한편, 각 행정기관 고유의 전문성을 강화하여 행정환경의 변화에 능동적으로 대처할 수 있도록 하는 등 창조적이고 유능한 정부를 구현할 수 있도록 정부기능을 재배치하려는 것임.

## 14. 항공안전 및 보안에 관한 법률[시행 2012. 7. 27.] [법률 제11244호, 2012. 1. 26., 타법개정]

공항운영자의 정의, 공항시설사용료의 징수 및 공항시설사용료 신고 또는 승인의무 위반에 대한 과태료 부과 근거규정을 마련함으로써 민간의 공항운영 참여 근거를 마련하고 공공기관 이외의 자가 공항을 운영함에 따른 공항시설사용료 인상을 방지하며, 환각물질 사용자의 항공업무 종사를 금지하고, 주류 등을 섭취·사용한 후 항공업무에 종사한 자에 대한 처벌을 강화하며, 항공종사자 및 객실승무원의 음주단속기준을 강화함으로써 항공기를 이용하는 승객의 안전과 재산을 보호하고 항공종사자의 안전의식을 제고하며, 국토해양부장관이 항공교통사업자의 서비스에 대한 주기적 평가를 실시하여 그 결과를 공표하고, 항공교통사업자로 하여금 항공교통이용자의 피해를 구제하는 처리계획을 수립하도록 함으로써 항공기 결항 및 지연운항 등 각종 피해로부터 항공교통이용자를 보호하는 한편, 항공기 말소등록 신청요건 중 항공기의 존재 여부가 불분명한 기간을 2개월에서 1개월로 단축함으로써 항공기 말소등록이 보다 원활하게 이뤄지도록 하는 등 현행 제도의 운영상 나타난 일부 미비점을 개선 · 보완하려는 것임.

## 15. 항공안전 및 보안에 관한 법률[시행 2010. 9. 23.] [법률 제10160호, 2010. 3. 22., 일부개정]

범죄인 호송업무 등 특정한 직무를 수행하는 경우 항공기 내 무기를 휴대할 수 있도록 하고, 화물터미널운영자에게 화물터미널 출입자에 대한 보안검색 권한을 부여하여 보호구역에서의 보안검색 책임을 명확히 하며, 국제민간항공기구 항공보안평가(ICAO USAP)에 대비하기 위하여 국가항공보안계획 수립의 법적 근거를 마련하고, 그 밖에 현행 제도의 운영상 나타난 일부 미비점을 개선 · 보완하는 한편, 어려운 용어를 쉬운 용어로 바꾸며, 길고 복잡한 문장을 간결하게 하는 등 국민이 법 문장을 이해하기 쉽게 정비하려는 것임.

## 16. 항공안전 및 보안에 관한 법률[시행 2009. 9. 10.] [법률 제9780호, 2009. 6. 9., 타법개정]

항공레저스포츠의 활성화 및 이용자의 안전 확보를 위하여 경량항공기제도를 도입하고, 항공운송사업의 국제경쟁력을 도모하기 위하여 항공운송사업의 종류 및 체계를 정비하며, 항공운송사업자에 대한 과당경쟁행위의 제한규정을 삭제하여 소비자의 편의성을 증대시키는 한편, 법 문장을 원칙적으로 한글로 적고, 어려운 용어를 쉬운 용어로 바꾸며, 길고 복잡한 문장은 체계 등을 정비하여 간결하게 하는 등 국민이 법 문장을 이해하기 쉽게 정비하고, 그 밖에 현행 제도의 운영상 나타난 일부 미비점을 개선 · 보완하려는 것임.

## 17. 항공안전 및 보안에 관한 법률[시행 2009. 6. 9.] [법률 제9779호, 2009. 6. 9., 일부개정]

통과 또는 환승 승객에 대한 보안검색에 소요되는 비용을 공항운영자와 항공운송사업자가 분담하도록 하던 것을 공항운영자가 부담하게 함으로써 보안검색의 실시에 따른 비용 부담의 주체를 일원화하고, 항공운송사업자가 국가기관 또는 국제기구 등으로부터 탑승거절이 요청 또는 통보된 자에 대하여 탑승을 거절할 수 있는 사유를 법률에 직접 규정하며, 경미한 법 위반에 대하여 종전에는 1천만원 이하의 벌금에 처하던 것을 1천만원 이하의 과태료 부과로 전환하여 처벌의 합리성을 높이려는 것임.

## 18. 항공안전 및 보안에 관한 법률[시행 2008. 6. 29.] [법률 제9074호, 2008. 3. 28., 일부개정]

종전에는 항공기를 납치하거나 기내질서를 어지럽힌 자에 대한 처벌을 운항 중인 경우로 제한하였으나, 앞으로는 공항에 계류 중인 경우에도 처벌하도록 함으로써 항공기에 대한 안전을 강화하는 한편, 그 밖에 현행 제도의 운영상 나타난 일부 미비점을 개선·보완하려는 것임.

## 19. 항공안전 및 보안에 관한 법률[시행 2008. 6. 22.] [법률 제8787호, 2007. 12. 21., 타법개정]

최근 국제적인 항공안전의 강화추세에 맞추어 국가적 차원의 항공안전관리체계를 구축하고, 항공기 안전운항기준을 따르지 않는 자에 대한 운항증명취소제도를 도입하는 등 항공안전에 관련된 제도를 정비·강화하며, 항공기정비업을 항공기취급업에서 분리·신설함으로써 항공기 정비에 대한 전문성의 향상을 도모할 수 있도록 하고, 불명확한 행정처분의 요건 등을 명확히 하여 객관적이고 투명한 법적용이 가능하도록 재량행위를 투명화 하는 한편, 그 밖에 현행 제도의 운영상 나타난 일부 미비점을 개선·보완하려는 것임.

## 20. 항공안전 및 보안에 관한 법률[시행 2008. 2. 29.] [법률 제8852호, 2008. 2. 29., 타법개정]

국경 없는 무한경쟁 시대에 국민에게 희망을 주는 일류 정부를 건설하기 위하여, 우리의 미래에 관한 전략기획기능을 강화하고, 정부의 간섭과 개입을 최소화하는 작은 정부 구축을 통하여 민간과 지방의 창의와 활력을 북돋우는 한편, 꼭 해야 할 일은 확실히 하되 나라살림을 알뜰하게 운영하여 국민부담을 줄이며 칸막이 없이 유연하고 창의적으로 일하는 정부를 구축할 수 있도록 기획예산처와 재정경제부를 통합하여 기획재정부를 신설하는 등 정부기능을 효율적으로 재배치하려는 것임.

## 21. 항공안전 및 보안에 관한 법률[시행 2007. 3. 29.] [법률 제8129호, 2006. 12. 28., 일부개정]

항공운송사업자가 음주로 인하여 소란행위를 하거나 할 우려가 있는 자 등 항공기 안전운항을 해할 우려가 있는 자에 대하여 탑승을 거절할 수 있도록 하여 항공기 내에서의 음주난동 가능성을 사전에 예방할 수 있도록 하려는 것임.

## 22. 항공안전 및 보안에 관한 법률[시행 2007. 3. 28.] [법률 제7988호, 2006. 9. 27., 타법개정]

종래 소비자보호 위주의 소비자정책에서 탈피하여 중장기 소비자정책의 수립, 소비자안전·교육의 강화 등으로 소비자권익을 증진함으로써 소비자의 주권을 강화하고, 시장 환경변화에 맞게 한국소비자원의 관할 및 소비자정책에 대한 집행기능을 공정거래위원회로 이관하도록 하며, 소비자피해를 신속하고 효율적으로 구제하기 위하여 일괄적 집단분쟁조정 및 단체소송을 도입하여 소비자피해구제제도를 강화하는 등 현행제도의 운영상 나타난 일부 미비점을 개선·보완하려는 것임.

## 23. 항공안전 및 보안에 관한 법률[시행 2006. 7. 9.] [법률 제7691호, 2005. 11. 8., 타법개정]

최근 국제적인 항공안전의 강화추세에 맞추어 빈번히 개정되고 있는 「국제민간항공조약」 및 동 부속서의 표준 및 권고사항에 신속하게 대처할 수 있도록 항공종사자 · 비행규칙 · 항공교통업무 등의 관련 규정을 정비하고, 그 동안 이 법의 적용을 받지 아니하던 국가기관 등 항공기에 대하여도 이 법의 적용을 받도록 하여 전반적인 항공안전을 강화하려는 것임.

## 24. 항공안전 및 보안에 관한 법률[시행 2006. 7. 1.] [법률 제7849호, 2006. 2. 21., 타법개정]

종전의 제주도를 폐지하고, 제주특별자치도를 설치하여 자치조직 · 인사권 및 자치재정권 등 자치권을 강화하며, 교육자치제도의 개선과 자치경찰제의 도입을 통하여 실질적인 지방자치를 보장함으로써 선진적인 지방분권모델을 구축하는 한편, 제주특별자치도에 적용되고 있는 각종 법령상 행정규제를 폭넓게 완화하고, 중앙행정기관의 권한을 대폭 이양하며, 청정산업 및 서비스산업을 육성하여 제주특별자치도를 국제자유도시로 조성 · 발전시키려는 것임.

## 25. 항공안전 및 보안에 관한 법률[시행 2006. 6. 25.] [법률 제7926호, 2006. 3. 24., 일부개정]

건설교통부장관이 필요시 관계행정기관과 합동으로 실시하도록 하고 있는 공항 및 항공기 보호상태에 관한 현장점검의 요건을 대통령령에 구체적으로 정하도록 하고, 관계기관과 합동으로 점검을 실시하고자 하는 경우에는 점검일시 · 점검이유 및 점검내용 등 점검계획을 7일 전까지 피조사자에게 통보하도록 함으로써 행정조사의 투명성과 예측가능성을 확보하려는 것임.

## 26. 항공안전 및 보안에 관한 법률[시행 2005. 7. 1.] [법률 제7472호, 2005. 3. 31., 일부개정]

운항중인 항공기 안에서 승객이 소란행위, 흡연, 음주, 성적 수치심을 유발하는 행위 등 기내난동을 일으키는 경우 종전에는 1백만원 이하의 벌금에 처하던 것을 앞으로는 5백만원 이하의 벌금에 처하도록 처벌을 강화함으로써 승객과 항공기의 안전운항을 도모하려는 것임.

## 27. 항공안전및보안에관한법률[시행 2004. 4. 1.] [법률 제7050호, 2003. 12. 31., 일부개정]

출국 승객에 대한 보안검색과 마찬가지로 통과 또는 환승승객에 대한 보안검색도 공항운영자가 실시하도록 함으로써 종전 보안검색의 이원화로 인하여 초래되는 효율성 저하 및 책임소재 불명확성 등 항공안전의 저해요인을 해소하려는 것임.

## 28. 항공안전및보안에관한법률[시행 2002. 11. 27.] [법률 제6734호, 2002. 8. 26., 전부개정]

민간항공기(民間航空機)의 운항안전(運航安全)을 증진시키기 위하여 보안검색(保安檢索), 항공안전 및 보안에 관한 기본계획의 수립, 항공안전보안지시·조사 및 점검 등에 대한 법적 근거를 마련함으로써 법 적용의 실효성을 확보하고 민간항공의 안전성(安全性)·정시성(定時性) 및 효율성(效率性)을 유지하여 항공기와 탑승객(搭乘客)의 안전한 운항이 가능하도록 하는 등 현행제도의 운영과정에서 나타난 일부 미비점을 개선·보완하려는 것임.

## 29. 항공기운항안전법[시행 2002. 7. 27.] [법률 제6644호, 2002. 1. 26., 일부개정]

운항중인 항공기 안에서 발생하는 범법행위와 착륙후 항공기를 점거·농성하는 행위 등에 대하여 현행법의 관련규정으로는 그 처벌에 미흡한 점이 있어, 탑승객에게 안전유지협조의무를 부과하여 이를 위반시 처벌이 가능하도록 하는 한편 항공기 이용과 관련한 탑승객의 피해구제청구 접수를 신속히 할 수 있도록 함으로써 항공기와 탑승객의 안전한 운항과 여행을 도모하고자 하는 것임.

### 30. 항공기운항안전법[시행 1974. 12. 26.] [법률 제2742호, 1974. 12. 26., 제정]

항공기에 대한 범죄 특히 운항중 납치사건이 빈번하게 발생됨을 감안하여 국제적 노력의 결과 각국은 국제협약을 받아들여 국내입법하고 있는 추세에 비추어 우리나라에서도 이를 입법화함으로써 항공기의 안전운항기준과 대형화하는 항공기의 발달에 따른 범죄양태 구성요건과 형량을 규정하려는 것임.

# 제10장 기타사항10)

## 1. 시행령 별표

과태료의 기준(제21조)

1. 일반 기준

가. 1개의 위반행위 또는 사유가 2개 이상의 과태료 부과기준에 해당되는 경우에는 그 중 금액이 큰 과태료 부과기준을 적용한다.

나. 위반행위의 횟수에 따른 과태료의 가중된 부과기준은 최근 1년간 같은 위반행위로 과태료 부과처분을 받은 경우에 적용한다. 이 경우 기간의 계산은 위반행위에 대하여 과태료 부과처분을 받은 날과 그 처분 후 다시 같은 위반행위를 하여 적발된 날을 기준으로 한다.

다. 나목에 따라 가중된 부과처분을 하는 경우 가중처분의 적용 차수는 그 위반행위 전 부과처분 차수(나목에 따른 기간 내에 과태료 부과처분이 둘 이상 있었던 경우에는 높은 차수를 말한다)의 다음 차수로 한다.

10) 법제처(moleg.go.kr/main.html), 항공보안법, 2020, 재구성

라. 부과권자는 다음의 어느 하나에 해당하는 경우에는 제2호에 따른 과태료 금액의 2분의 1의 범위에서 그 금액을 줄일 수 있다. 다만, 과태료를 체납하고 있는 위반행위자의 경우에는 그러하지 아니하다.

1) 위반행위자가 「질서위반행위규제법 시행령」 제2조의2제1항 각 호의 어느 하나에 해당하는 경우

2) 위반행위가 사소한 부주의나 오류로 인한 것으로 인정되는 경우

3) 위반행위자가 법 위반상태를 시정하거나 해소하기 위하여 노력한 것이 인정되는 경우

4) 그 밖에 위반행위의 정도, 위반행위의 동기와 그 결과 등을 고려하여 그 금액을 줄일 필요가 있다고 인정되는 경우

마. 부과권자는 다음의 어느 하나에 해당하는 경우에는 제2호에 따른 과태료 금액의 2분의 1의 범위에서 그 금액을 늘릴 수 있다. 다만, 법 제51조에 따른 과태료 금액의 최고한도를 넘을 수 없다.

1) 위반의 내용ㆍ정도가 중대하여 공중에 미치는 영향이 크다고 인정되는 경우

2) 법 위반상태의 기간이 6개월 이상인 경우

3) 그 밖에 위반행위의 정도, 위반행위의 동기와 그 결과 등을 고려하여 그 금액을 늘릴 필요가 있다고 인정되는 경우

2. 개별기준

| 위반행위 | 근거 법조문 | 과태료 금액 (단위:만원) | | |
|---|---|---|---|---|
| | | 1회 위반 | 2회 위반 | 3회 이상 위반 |
| 가. 법 제10조제2항에 따라 승인받은 자체 보안계획을 이행하지 않은 경우(국가항공보안계획과 관련되는 부분만 해당한다) | 법 제51조 제1항제1호 | 500 | 750 | 1,000 |
| 나. 법 제14조제2항을 위반하여 항공기내보안요원을 탑승시키지 않은 경우 | 법 제51조 제1항제2호 | 500 | 750 | 1,000 |
| 다. 법 제14조제4항을 위반하여 항공기에 대한 보안점검을 실시하지 않은 경우 | 법 제51조 제1항제3호 | 500 | 750 | 1,000 |
| 라. 법 제17조제1항을 위반하여 통과 승객이나 환승 승객에게 휴대물품을 가지고 내리도록 조치하지 않은 경우 | 법 제51조 제1항제4호 | 500 | 750 | 1,000 |

| 위반행위 | 근거 법조문 | 과태료 금액 (단위:만원) | | |
|---|---|---|---|---|
| | | 1회 위반 | 2회 위반 | 3회 이상 위반 |
| 마. 법 제19조제1항을 위반하여 국토교통부장관에게 보고하지 않은 경우 | 법 제51조 제1항제5호 | 500 | 750 | 1,000 |
| 바. 법 제25조제1항을 위반하여 항공기 내에서 죄를 범한 범인을 관할 국가경찰관서에 인도하지 않은 경우 | 법 제51조 제1항제5호의2 | 500 | 500 | 500 |
| 사. 법 제27조를 위반하여 국토교통부장관의 성능 인증을 받은 항공보안장비를 사용하지 않은 경우 | 법 제51조 제1항제6호 | 500 | 750 | 1,000 |
| 아. 법 제27조에 따른 항공보안장비 성능 인증을 위한 기준과 절차 등을 법 제27조의3 및 제27조의4에 따른 인증기관 및 시험기관이 위반한 경우 | 법 제51조 제1항제6호의2 | 500 | 750 | 1,000 |
| 자. 법 제31조제3항에 따라 승인받은 자체 우발계획을 이행하지 않은 경우(국가항공보안 우발계획과 관련되는 부분만 해당한다) | 법 제51조 제1항제7호 | 500 | 750 | 1,000 |
| 차. 법 제32조에 따른 보안조치를 이행하지 않은 경우 | 법 제51조 제1항제8호 | 1,000 | 1,000 | 1,000 |
| 카. 법 제33조제4항에 따른 시정조치 또는 명령을 이행하지 않은 경우 | 법 제51조 제1항제9호 | 1,000 | 1,000 | 1,000 |
| 타. 법 제33조의2제3항을 위반하여 불이익한 조치를 한 경우 | 법 제51조 제1항제10호 | 1,000 | 1,000 | 1,000 |
| 파. 법 제35조에 따른 시정명령 등 필요한 조치를 이행하지 않은 경우 | 법 제51조 제1항제11호 | 1,000 | 1,000 | 1,000 |
| 하. 법 제23조제9항에 따른 안내를 하지 않은 항공운송사업자 | 법 제51조 제2항제1호 | 250 | 400 | 500 |
| 거. 법 제29조를 위반하여 보안검색에 관한 기록을 작성·유지하지 않은 경우 | 법 제51조 제2항제2호 | 250 | 400 | 500 |
| 너. 법 제33조제3항에 따른 점검업무의 수행에 필요한 서류 및 자료를 제출하지 않거나 거짓의 자료를 제출한 경우 | 법 제51조 제2항제3호 | 250 | 400 | 500 |
| 더. 법 제17조제1항에 따른 항공운송사업자의 지시에도 불구하고 휴대물품을 가지고 내리지 않은 경우 | 법 제51조 제3항 | 50 | 75 | 100 |

# 2. 시행규칙 별표 및 별지

■ 항공보안법 시행규칙 [별표 4]

**수수료 부과기준(제14조의11제1항 관련)**

| 구분 | 수수료 |
|---|---|
| 인증기관의 성능 인증 등 수수료 | 다음 각 호의 비용을 합산해서 산정한 금액<br>1. 기본료: 성능 인증, 인증서 변경, 성능 검사 신청서의 접수사무 및 신청서류 심사, 인증서 발급에 필요한 비용<br>2. 인건비: 각 성능 인증, 제작자 성능 인증 품질시스템 확인 업무에 참여한 인력의 급여, 수당, 상여금, 퇴직급여충당금 및 산재보험료 등을 포함한 시간당 인건비에 해당 업무를 수행한 시간을 곱해서 산정한 금액으로 하며, 시간당 인건비는 인증기관에서 책정한 인건비를 적용<br>3. 간접비용: 각 성능 인증, 제작자 성능 인증 품질시스템 확인 업무를 지원하기 위한 임원 및 지원부서 직원 등의 간접인건비와 사무실 운영비, 전기료 등의 경비 및 기술료 등을 포함한 비용<br>4. 직접비용: 각 성능 인증, 제작자 성능 인증 품질시스템 확인 업무를 수행하는데 필요한 국내외 출장여비, 시험·검사 결과 및 적합성 자료의 분석을 위한 도서구매 및 번역비용 등 실제 소요되는 비용<br>5. 그 밖의 비용: 각 성능 인증, 제작자 성능 인증 품질시스템 확인 업무를 수행하는데 필요한 소모품비, 통신비, 운송비, 정보활용비, 회의비, 공과금 및 연구활동비 등을 포함한 경비 |
| 시험기관의 성능 검사 수수료 | 다음 각 호의 비용을 합산해서 산정한 금액<br>1. 기본료: 시험 접수·검토·인력지원·성능평가시험, 성능 검사 등에 필요한 기본수수료<br>2. 인건비: 시험활동에 투입된 수행 인력의 시험수행 시간당 인건비(엔지니어링 노임단가 적용)<br>3. 재료비: 시험과정에서 발생하는 소모성 재료의 비용<br>4. 장비사용료<br>가. 감가상각비: 장비별 법정내용연수를 기준으로 하되, 정액법에 따라 감가상각하는 방법에 따라 산출한 비용<br>나. 시설유지비: 장비가동을 위해서 필요한 소모성 부품의 비용, 장비수리 및 교환에 따른 부품의 비용, 장비가동에 필요한 전기료, 수도료 및 그 밖의 시설유지비<br>5. 출장비: 시험활동에 투입되는 수행 인력의 현장출장 여비<br>6. 그 밖의 비용: 그 밖에 시험을 위해서 지출한 경비로서 정보수집비용, 시험·검사대상 인증제품의 운반비 등 추가적인 지출비용 |

비고
1. 위 각 호의 수수료는 인증기관 또는 시험기관이 우선적으로 산출한 내역에 따라 해당하는 비용을 내고, 인증기관 또는 시험기관은 인증서·시험 결과서를 교부할 때 명세서를 발급해서 정산한다.
2. 각 호의 업무 수행을 위해서 국내외 출장을 하는 경우 출장비용은 각 인증기관 또는 시험기관에서 마련한 규정에 따른다. 국외 출장을 하는 경우 출장기간은 실제 업무를 수행하는 데 드는 기간과 목적지까지의 왕복에 필요한 기간을 말한다.

■ **항공보안법 시행규칙 [별지 제1호서식]** 〈개정 2015.11.5.〉

# 보안검색위탁업체 지정신청서

※ 뒤쪽의 처리절차를 참고하시기 바라며, 색상이 어두운 란은 신청인이 적지 않습니다. (앞 쪽)

| 접수번호 | 접수일 | 처리기간 30일 |
|---|---|---|

| | | |
|---|---|---|
| 신청인 | 상호(법인명) | |
| | 성명(대표자) | 전화번호 |
| | 주소 | |

보안검색위탁업체명

「항공보안법」 제15조제6항 및 같은 법 시행규칙 제8조의4제1항에 따라 보안검색위탁업체 지정을 신청합니다.

년 월 일

신청인 성명 (서명 또는 인)

**지방항공청장** 귀하

| | | |
|---|---|---|
| 신청인 제출서류 | 1. 「경비업법」에 따른 경비업 허가증<br>2. 보안검색인력 명단 및 해당 인력의 법 제28조제2항에 따른 교육훈련 이수증<br>3. 보안검색위탁업체 추천서 | 수수료<br>없 음 |
| 담당공무원 확인사항 | 1. 보안검색위탁업체의 법인 등기사항증명서<br>2. 보안검색위탁업체의 사업자등록증 | |

**행정정보 공동이용 동의서**

본인은 이 건 업무처리와 관련하여 담당 공무원이 「전자정부법」제36조제1항에 따른 행정정보의 공동이용을 통하여 위의 담당 공무원 확인 사항 제2호를 확인하는 것에 동의합니다.

*동의하지 아니하는 경우에는 신청인이 직접 관련 서류를 제출하여야 합니다.

신청인 (서명 또는 인)

210mm×297mm[백상지 80g/㎡]

## 처리절차

이 신청서는 아래와 같이 처리됩니다.

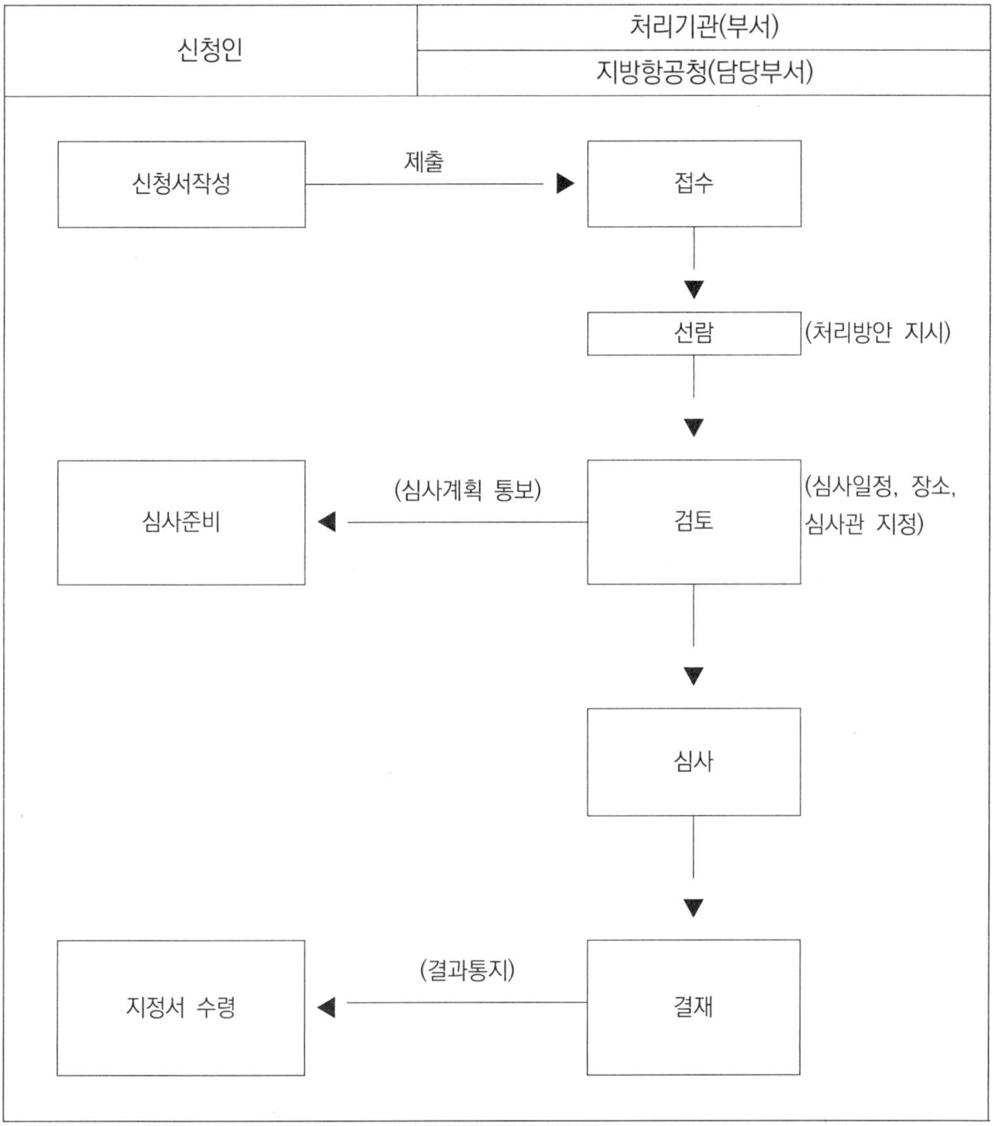

■ **항공보안법 시행규칙 [별지 제2호서식]** 〈개정 2015.11.5.〉

<table>
<tr><td colspan="2">제 호<br><br>보안검색위탁업체 지정서</td></tr>
<tr><td rowspan="2">보안검색위탁업체<br>신청인</td><td>상호(법인명)</td></tr>
<tr><td>주소</td></tr>
<tr><td rowspan="4">보안검색위탁업체</td><td>상호(법인명)</td></tr>
<tr><td>성명(대표자)</td></tr>
<tr><td>주소</td></tr>
<tr><td>전화번호</td></tr>
<tr><td>위탁업무</td><td></td></tr>
<tr><td>지정기간</td><td></td></tr>
<tr><td colspan="2">「항공보안법」 제15조제6항 및 같은 법 시행규칙 제8조의4제3항에 따라 보안검색 위탁업체로 지정합니다.<br><br>년 월 일<br><br>지 방 항 공 청 장 직인</td></tr>
</table>

210mm×297mm[백상지 120g/㎡]

■ **항공보안법 시행규칙 [별지 제3호서식]** 〈개정 2015.11.5.〉

## 상용화주 지정신청서

※ 뒤쪽의 처리절차를 참고하시기 바라며, 색상이 어두운 란은 신청인이 적지 않습니다. (앞 쪽)

| 접수번호 | 접수일 | 처리기간 30일 |
|---|---|---|

| | | |
|---|---|---|
| 신청인 | 상호(법인명) | |
| | 성명(대표자) | 생년월일 |
| | 주소 | 전화번호 |

화물터미널 소재지

「항공보안법」 제17조의2제1항 및 같은 법 시행규칙 제9조의3제1항에 따라 상용화주 지정을 신청합니다.

년 월 일

신청인 성명 (서명 또는 인)

**지방항공청장** 귀하

| | | |
|---|---|---|
| 신고인 제출서류 | 1. 항공화물 보안프로그램<br>2. 국제물류주선업 등록증(국제물류주선업자만 해당합니다)<br>3. 화물운송 거래실적<br>4. 항공화물의 보안통제를 담당하는 사람의 명단 및 신원조회 의뢰서<br>5. 보안통제 취급직원의 교육이수 증명서 | 수수료<br>없 음 |
| 담당공무원 확인사항 | 1. 법인 등기사항증명서<br>2. 사업자등록증 | |

### 행정정보 공동이용 동의서

본인은 이 건 업무처리와 관련하여 담당 공무원이 「전자정부법」제36조제1항에 따른 행정정보의 공동이용을 통하여 위의 담당 공무원 확인 사항 제2호를 확인하는 것에 동의합니다.

*동의하지 아니하는 경우에는 신청인이 직접 관련 서류를 제출하여야 합니다.

신청인 (서명 또는 인)

210mm×297mm[백상지 80g/㎡]

## 처리절차

이 신청서는 아래와 같이 처리됩니다.

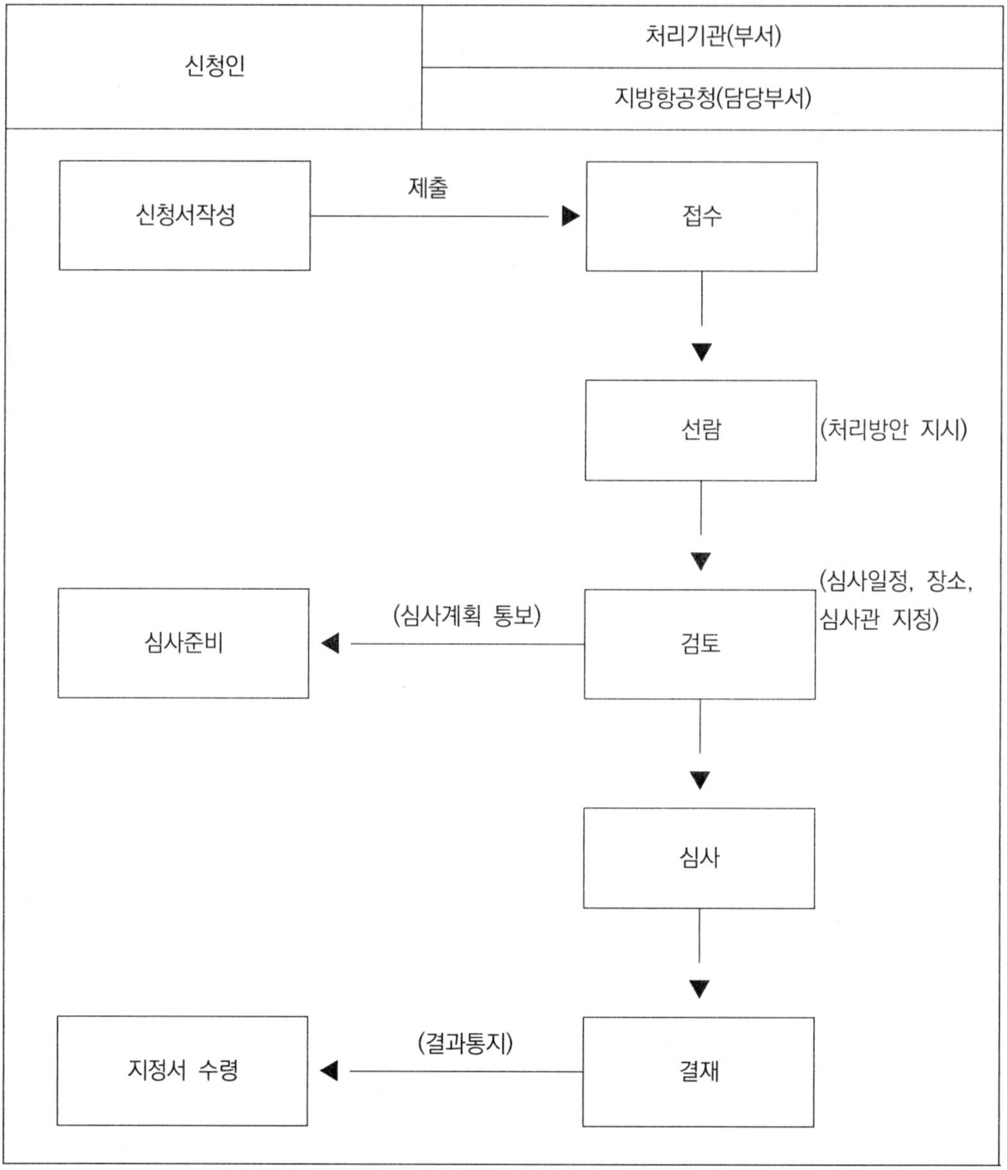

■ 항공보안법 시행규칙 [별지 제4호서식] 〈개정 2015.11.5.〉

| 대한민국 국토교통부<br>Ministry of Land, Infrastructure and Transport<br>Republic of Korea | 지정번호<br>제 - 호<br>Certificate No. |
|---|---|

## 상용화주 지정서
## (Known shipper Certificate)

1. 상용화주명 :
   (The Name of Known Shipper) :

2. 이 지정서는 「항공보안법」 제17조의2제1항 및 같은 법 시행규칙 제9조의3제1항에 따라 교부하며, 위 상용화주는 항공화물보안기준에서 정한 기준에 적합하게 보안통제를 실시할 수 있는 능력을 구비하였으므로 항공화물기준에서 정한 조건과 제한 사항에 따라 보안검색을 실시할 수 있는 것으로 인정함
   (This certifies that the above-mentioned company has met the requirements of the Air Cargo Security Standard in accordance with Paragraph 1 of Article 9-3 Enforcement Rule of Aviation Security Act and Paragraph 1 of Article 17-2 of Aviation Security Act, And is hereby authorized to conduct security screen under the terms conditions and limitations prescribed in the Standards on Air Cargo Security.)

3. 이 지정서는 양도될 수 없으며, 일시 자격정지 또는 무효화되거나 취소되지 않는 한 유효함
   (The certificate is not transferable and, unless sooner surrendered, suspended or revoked, shall remain in effect indefinitely.)

년 월 일

지 방 항 공 청 장 직인

Regional Aviation Administration

210mm×297mm[백상지 120g/㎡]

■ **항공보안법 시행규칙 [별지 제4호의2서식]** 〈신설 2018. 12. 21.〉

# 항공보안장비 성능 인증 신청서

※ 색상이 어두운 난은 신청인이 작성하지 않습니다.

| 접수번호 | | 접수일시 |
|---|---|---|
| 신청인<br>(제작자) | 성명(대표자) | 생년월일(법인등록번호) |
| | 상호(사업자 명칭) | 전자우편 |
| | 사업장 소재지<br>(전화번호: ) | |
| 신청<br>내용 | 종류 | |
| | 장비명(모델명) | |
| | 제작자 | 제조국가 |
| | 시험기관 | |
| | 그 밖의 특기사항 | |

「항공보안법」 제27조제1항 및 같은 법 시행규칙 제14조의2에 따라 항공보안장비의 성능 인증을 신청합니다.

년 월 일

신청인 (서명 또는 인)

**인증기관장** 귀하

| 붙임서류 | 1. 사업자등록증 사본<br>2. 국내에 거주하는 대리인임을 증명하는 서류(대리인이 신청하는 경우에 한합니다)<br>3. 항공보안장비의 성능 제원표 및 시험용 물품(테스트 키트)에 관한 서류<br>4. 항공보안장비의 외관도 및 사용자 설명서<br>5. 항공보안장비의 구조 · 운영방법 · 유지관리 등에 대한 설명서<br>6. 성능 인증 품질시스템을 증명하는 자료<br>7. 항공보안장비의 사후관리를 위한 시설 · 기술인력을 확보하고 있는 사실을 증명하는 서류(최초로 성능 인증을 신청하는 경우에 한합니다)<br>8. 국토교통부장관이 정해서 고시하는 서류로서 항공보안장비의 성능 인증 기준을 갖추었음을 증명하는 서류(해당하는 경우만 제출합니다) | 수수료<br>「항공보안법 시행규칙」 별표 4에 따른 금액 |
|---|---|---|
| 담당 공무원 확인사항 | 법인 등기사항증명서(법인인 경우만 해당합니다) | |

**행정정보 공동이용 동의서**

본인은 이 건 업무처리와 관련해 담당 공무원이 「전자정부법」제36조제1항에 따른 행정정보의 공동이용을 통해 위 담당 공무원 확인사항을 확인하는 것에 동의합니다. * 동의하지 않는 경우에는 신청인이 직접 관련 서류를 제출해야 합니다.

신청인 (서명 또는 인)

**처리절차**

이 신청서는 아래와 같이 처리됩니다.

| 신고서 작성 | → | 접수 및 검토 | 의뢰 →<br>← 통보 | 시험계획서 | → | 성능평가시험 | → | 인증서 발급 |
|---|---|---|---|---|---|---|---|---|
| 제작자 | | 인증기관 | | 제작자 · 시험기관 | | 시험기관 | | 인증기관 |

210㎜×297㎜[백상지(80g/㎡)]

■ 항공보안법 시행규칙 [별지 제4호의3서식] 〈신설 2018. 12. 21.〉

제　　　호

## 항공보안장비 성능 인증서

1. 제작자 성명(대표자) 또는 명칭:
2. 사업장 소재지:
3. 장비 종류:
4. 장비명(모델명) 및 일련번호(S/N):
5. 장비 성능 인증 유효기간:
6. 제작자(제조국가):
7. 시험기관:

위의 항공보안장비는 「항공보안법」 제27조제2항 및 같은 법 시행규칙 제14조의3제2항에 따라 성능 인증 기준에 적합한 장비임을 증명합니다.

년　　　월　　　일

**인 증 기 관 장**　　직인

210mm×297mm[백상지(150g/㎡)]

■ 항공보안법 시행규칙 [별지 제4호의4서식] 〈신설 2018. 12. 21.〉

# 항공보안장비 성능평가시험 결과서

<table>
<tr><td colspan="2">시험기관</td><td>발급일</td></tr>
<tr><td colspan="2">접수번호</td><td>발급번호</td></tr>
<tr><td rowspan="3">신청인</td><td>성명(대표자)</td><td>생년월일(법인등록번호)</td></tr>
<tr><td colspan="2">상호(사업자 명칭)</td></tr>
<tr><td colspan="2">사업장 소재지<br>(전화번호: )</td></tr>
<tr><td rowspan="6">시험<br>결과</td><td>장비 종류(모델명)</td><td>일련번호(S/N)</td></tr>
<tr><td>제작자</td><td>제조국가</td></tr>
<tr><td>시험수행일</td><td>발급 번호 제 호</td></tr>
<tr><td colspan="2">시험 방법</td></tr>
<tr><td colspan="2">시험 결과 합격 [ ], 불합격 [ ]</td></tr>
<tr><td colspan="2">그 밖의 특기사항</td></tr>
</table>

「항공보안법」 제27조제2항 및 같은 법 시행규칙 제14조의4제2항에 따라 항공보안장비 성능평가시험 결과를 통보합니다.

년 월 일

시 험 기 관 장 직인

인증기관장 귀하

210㎜×297㎜[백상지(80g/㎡)]

■ **항공보안법 시행규칙 [별지 제4호의5서식]** 〈신설 2018. 12. 21.〉

(앞 쪽)

# 항공보안장비 시험기관 지정 신청서

※ 색상이 어두운 난은 신청인이 작성하지 않습니다.

| 접수번호 | 접수일시 | 처리기간 30일 |
|---|---|---|

| 신청인 | 상호(법인 또는 단체) | 법인등록번호 |
|---|---|---|
| | 사업장 소재지<br>(전화번호: ) | |

시험업무의 수행범위

「항공보안법」 제27조의4 및 같은 법 시행규칙 제14조의7제2항에 따라 시험기관의 지정을 위와 같이 신청합니다.

년 월 일

신청인 (서명 또는 인)

**국토교통부장관** 귀하

| 신청인 제출서류 | 1. 성능평가시험을 위한 조직, 인력 및 시험 설비 현황 등을 적은 사업계획서<br>2. 성능평가시험을 수행하기 위한 절차 및 방법 등을 적은 업무규정<br>3. 법인의 정관 또는 단체의 규약<br>4. 사업자등록증 및 인감증명서(법인인 경우에 한합니다)<br>5. 「항공보안법 시행규칙」 제14조의7제1항에 따른 지정기준을 갖추었음을 증명하는 서류 | 수수료<br>없 음 |
|---|---|---|
| 담당 공무원 확인사항 | 법인 등기사항증명서(법인인 경우만 해당합니다) | |

**행정정보 공동이용 동의서**

본인은 이 건 업무처리와 관련해 담당 공무원이 「전자정부법」제36조제1항에 따른 행정정보의 공동이용을 통해 위 담당 공무원 확인사항을 확인하는 것에 동의합니다. * 동의하지 않는 경우에는 신청인이 직접 관련 서류를 제출해야 합니다.

신청인 (서명 또는 인)

210㎜×297㎜[백상지(80g/㎡) 또는 중질지(80g/㎡)]

■ 항공보안법 시행규칙 [별지 제4호의6서식] 〈신설 2018. 12. 21.〉

제 호

## 항공보안장비 시험기관 지정서

1. 기 관 명: (사업자등록번호: )

2. 대 표 자: (생년월일: )

3. 소 재 지:

4. 업무 수행 범위:

「항공보안법」 제27조의4 및 같은 법 시행규칙 제14조의7제4항에 따라 위 기관을 시험기관으로 지정합니다.

년 월 일

국토교통부장관 직인

210mm×297mm[백상지(150g/㎡)]

## 처 리 절 차

이 신청서는 아래와 같이 처리됩니다.

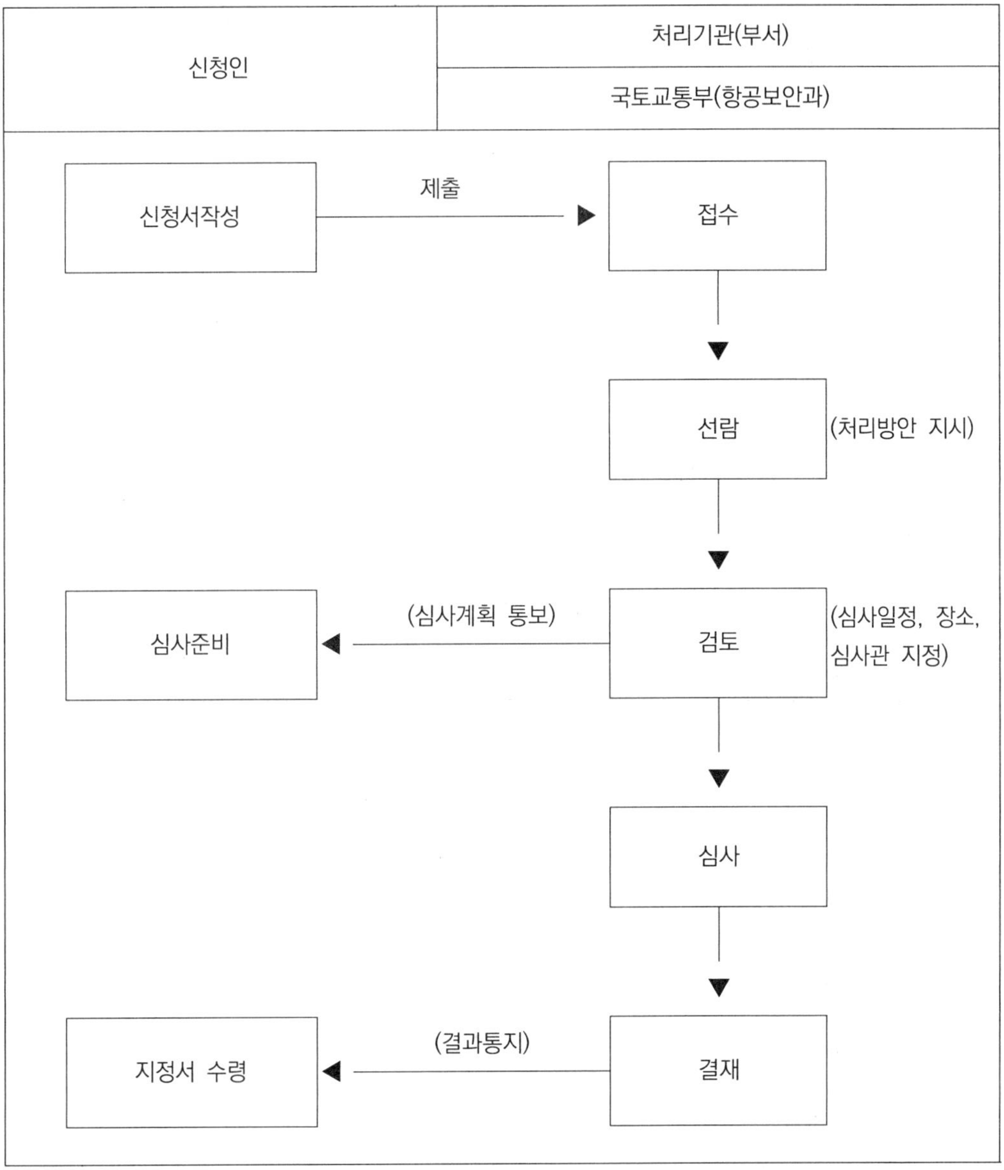

■ **항공보안법 시행규칙 [별지 제5호서식]** 〈개정 2014.4.4〉

# 보안검색교육기관 지정신청서

※ 뒤쪽의 처리절차를 참고하시기 바라며, 색상이 어두운 란은 신청인이 적지 않습니다. (앞 쪽)

| 접수번호 | 접수일 | 처리기간 20일 |
|---|---|---|

| 구분 | | |
|---|---|---|
| 교육기관 | 명칭 | |
| | 주소 | 전화번호 |
| 신청인 | 상호(법인명) | |
| | 성명(대표자) | 생년월일 |
| | 주소 | 전화번호 |

현장확인 검사 희망일

「항공보안법」 제28조제3항 및 같은 법 시행규칙 제15조제1항에 따라 보안검색교육기관의 지정을 신청합니다.

년 월 일

신청인 성명 (서명 또는 인)

**국토교통부장관** 귀하

| 첨부서류 | 교육계획서 | 수수료<br>없음 |
|---|---|---|

210mm×297mm[백상지 80g/㎡]

■ **항공보안법 시행규칙 [별지 제6호서식]** 〈개정 2014.4.4〉

제　　　　　호

## 보안검색교육기관 지정서

1. 명칭

2. 주소

3. 전화번호

4. 교육과정

5. 피교육생 정원

「항공보안법」 제28조제3항 및 같은 법 시행규칙 제15조제3항에 따라 보안검색 교육기관으로 지정합니다.

년　　월　　일

국 토 교 통 부 장 관　직인

210mm×297mm[백상지 120g/㎡]

■ 항공보안법 시행규칙 [별지 제7호서식] 〈신설 2014.4.4〉

# 항공보안 자율신고서

※ 색상이 어두운 란은 신청인이 적지 않습니다.

| 접수번호 | 접수일 |
|---|---|

<table>
<tr><td rowspan="2">신고자</td><td colspan="2">성명</td><td colspan="2">전화번호</td></tr>
<tr><td colspan="2">주소</td><td colspan="2">이메일 주소</td></tr>
<tr><td rowspan="2">신고자 정보</td><td>소속</td><td colspan="3">[ ] 공항운영자 [ ] 항공운송사업자 [ ] 항공기 취급업체<br>[ ] 공항상주업체 [ ] 승객 [ ] 기타</td></tr>
<tr><td>업무분야</td><td colspan="3"></td></tr>
<tr><td rowspan="2">발생일시 및 장소(공항)</td><td colspan="2">년 월 일</td><td>[ ] 오전<br>[ ] 오후</td><td>시 분</td></tr>
<tr><td>장소(공항)</td><td colspan="3"></td></tr>
</table>

상황기술 *(※ 상황개요, 위해요인 및 개선방안 등을 구체적으로 기술하여 주시기 바랍니다.)*

「항공보안법」 제33조의2 및 같은 법 시행규칙 제19조의2제2항에 따라 위와 같이 항공보안 자율신고서를 제출합니다.

년 월 일

신청인 성명 (서명 또는 인)

**교통안전공단 이사장** 귀하

210mm×297mm[백상지 80g/㎡]

# 제2부 국민보호와 공공안전을 위한 테러방지법 개괄 및 구성

제1장 테러방지법

제2장 테러방지법 연혁

제3장 기타사항

# 제2부 국민보호와 공공안전을 위한 테러방지법 개괄 및 구성

테러방지 법은 테러의 예방 및 대응 활동 등에 관하여 필요한 사항과 테러로 인한 피해보전 등을 규정함으로써 테러로부터 국민의 생명과 재산을 보호하고 국가 및 공공의 안전을 확보하는 것을 목적으로 한다.

국민보호와 공공안전을 위한 테러방지법(시행 2018. 10. 18. 법률 제15608호, 2018. 4. 17., 타법개정)은 19조로 구성되어 있고 테러방지법 시행령(대통령령 제29114호, 2018. 8. 21., 타법개정)은 7장 45조, 테러방지법 시행규칙(총리령 제1281호, 2016. 6. 1., 제정 )은 15조로 구성되어 있다. 세부적인 구성내용은 아래 표2부-1 같다.

〈표 2부-1〉 테러방지법 구성

| 테러방지법 | | |
|---|---|---|
| 법률 | 시행령 | 시행규칙 |
| 내용 | 내용 | 내용 |
| 제1조 목적<br>제2조 정의<br>제3조 국가 및 지방자치단체의 책무<br>제4조 다른 법률과의 관계<br>제5조 국가테러대책위원회<br>제6조 대테러센터<br>제7조 대테러 인권보호관<br>제8조 전담조직의 설치<br>제9조 테러위험인물에 대한 정보 수집 등<br>제10조 테러예방을 위한 안전관리대책의 수립<br>제11조 테러취약요인 사전제거<br>제12조 테러선동·선전물 긴급 삭제 등 요청<br>제13조 외국인테러전투원에 대한 규제<br>제14조 신고자 보호 및 포상금 | **제1장 총칙 및 국가테러대책기구**<br>제1조 목적<br>제2조 관계기관의 범위<br>제3조 국가테러대책위원회 구성<br>제4조 대책위원회의 운영<br>제5조 테러대책 실무위원회의 구성 등<br>제6조 대테러센터<br>**제2장 대테러 인권보호관**<br>제7조 대테러 인권보호관의 자격 및 임기<br>제8조 인권보호관의 직무 등<br>제9조 시정 권고<br>제10조 비밀의 엄수<br>**제3장 전담조직**<br>제11조 전담조직<br>제12조 지역 테러대책협의회<br>제13조 공항·항만테러대책협의회<br>제14조 테러사건대책본부<br>제15조 현장지휘본부<br>제16조 화생방테러대응지원본부 | 제1조 목적<br>제2조 포상금심사위원회의 구성<br>제3조 포상금 심사위원회의 운영<br>제4조 포상금의 신청 절차<br>제5조 포상금의 지급 결정 기간 등<br>제6조 포상금의 반환통지 등<br>제7조 치료비 산정<br>제8조 유족의 범위 및 순위<br>제9조 월급액 또는 월실수입액<br>제10조 평균임금의 기준<br>제11조 유족특별위로금의 금액<br>제12조 장해특별위로금의 금액<br>제13조 중상해특별위로금의 금액 |

| 테러방지법 | | |
|---|---|---|
| 법률 | 시행령 | 시행규칙 |
| 내용 | 내용 | 내용 |
| 제15조 테러피해의 지원<br>제16조 특별위로금<br>제17조 테러단체 구성죄 등<br>제18조 무고, 날조<br>제19조 세계주의 | 제17조 테러복구지원본부<br>제18조 대테러특공대 등<br>제19조 테러대응구조대<br>제20조 테러정보통합센터<br>제21조 대테러합동조사팀<br>**제4장 테러 대응 절차**<br>제22조 테러경보의 발령<br>제23조 상황 전파 및 초동 조치<br>제24조 테러사건 대응<br>**제5장 테러예방을 위한 안전관리대책**<br>제25조 테러대상시설 및 테러이용수단 안전대책 수립<br>제26조 국가 중요행사 안전관리대책 수립<br>제27조 테러취약요인의 사전제거 지원<br>제28조 테러취약요인의 사전제거 비용 지원<br>**제6장 포상금 및 테러피해의 지원**<br>제29조 포상금의 지급<br>제30조 포상금심사위원회의 구성 및 운영<br>제31조 포상금 지급기준<br>제32조 포상금 신청 절차<br>제33조 포상금 지급 절차<br>제34조 포상금 지급 취소 및 반환<br>제35조 테러피해의 지원<br>제36조 특별위로금의 종류<br>제37조 특별위로금의 지급기준<br>제38조 특별위로금 지급에 대한 특례<br>제39조 피해지원금 및 특별위로금 지급 신청<br>제40조 피해지원금 및 특별위로금 지급 결정<br>제41조 피해지원금 및 특별위로금 지급 제한<br>제42조 피해지원금 및 특별위로금 지급<br>제43조 피해지원금 및 특별위로금 환수<br>제44조 다른 법령에 따른 급여 등과의 관계<br>**제7장 보칙**<br>제45조 고유식별정보의 처리 | 제14조 피해지원금 및 특별위로금 지급 신청<br>제15조 지급 결정 통지서 등 서식 |

# 제1장 테러방지법[11)]

## 1. 목적(제1조)

이 법은 테러의 예방 및 대응 활동 등에 관하여 필요한 사항과 테러로 인한 피해보전 등을 규정함으로써 테러로부터 국민의 생명과 재산을 보호하고 국가 및 공공의 안전을 확보하는 것을 목적으로 한다.

## 2. 정의(제2조)

이 법에서 사용하는 용어의 뜻은 다음과 같다.

1. "테러"란 국가 · 지방자치단체 또는 외국 정부(외국 지방자치단체와 조약 또는 그 밖의 국제적인 협약에 따라 설립된 국제기구를 포함한다)의 권한행사를 방해하거나 의무 없는 일을 하게 할 목적 또는 공중을 협박할 목적으로 하는 다음 각 목의 행위를 말한다.
   가. 사람을 살해하거나 사람의 신체를 상해하여 생명에 대한 위험을 발생하게 하는 행위 또는 사람을 체포 · 감금 · 약취 · 유인하거나 인질로 삼는 행위
   나. 항공기(「항공법」 제2조제1호의 항공기를 말한다. 이하 이 목에서 같다)와 관련된 다음 각각의 어느 하나에 해당하는 행위
      1) 운항중(「항공보안법」 제2조제1호의 운항중을 말한다. 이하 이 목에서 같다)인 항공기를 추락시키거나 전복 · 파괴하는 행위, 그 밖에 운항중인 항공기의 안전을 해칠 만한 손괴를 가하는 행위
      2) 폭행이나 협박, 그 밖의 방법으로 운항중인 항공기를 강탈하거나 항공기의 운항을 강제하는 행위
      3) 항공기의 운항과 관련된 항공시설을 손괴하거나 조작을 방해하여 항공기의 안전운항에 위해를 가하는 행위

---

11) 법제처(moleg.go.kr/main.html), 국민보호와 공공안전을 위한 테러방지법, 2020, 재구성

다. 선박(「선박 및 해상구조물에 대한 위해행위의 처벌 등에 관한 법률」 제2조제1호 본문의 선박을 말한다. 이하 이 목에서 같다) 또는 해상구조물(같은 법 제2조제5호의 해상구조물을 말한다. 이하 이 목에서 같다)과 관련된 다음 각각의 어느 하나에 해당하는 행위

1) 운항(같은 법 제2조제2호의 운항을 말한다. 이하 이 목에서 같다) 중인 선박 또는 해상구조물을 파괴하거나, 그 안전을 위태롭게 할 만한 정도의 손상을 가하는 행위(운항 중인 선박이나 해상구조물에 실려 있는 화물에 손상을 가하는 행위를 포함한다)

2) 폭행이나 협박, 그 밖의 방법으로 운항 중인 선박 또는 해상구조물을 강탈하거나 선박의 운항을 강제하는 행위

3) 운항 중인 선박의 안전을 위태롭게 하기 위하여 그 선박 운항과 관련된 기기·시설을 파괴하거나 중대한 손상을 가하거나 기능장애 상태를 야기하는 행위

라. 사망·중상해 또는 중대한 물적 손상을 유발하도록 제작되거나 그러한 위력을 가진 생화학·폭발성·소이성(燒夷性) 무기나 장치를 다음 각각의 어느 하나에 해당하는 차량 또는 시설에 배치하거나 폭발시키거나 그 밖의 방법으로 이를 사용하는 행위

1) 기차·전차·자동차 등 사람 또는 물건의 운송에 이용되는 차량으로서 공중이 이용하는 차량

2) 1)에 해당하는 차량의 운행을 위하여 이용되는 시설 또는 도로, 공원, 역, 그 밖에 공중이 이용하는 시설

3) 전기나 가스를 공급하기 위한 시설, 공중의 음용수를 공급하는 수도, 전기통신을 이용하기 위한 시설 및 그 밖의 시설로서 공용으로 제공되거나 공중이 이용하는 시설

4) 석유, 가연성 가스, 석탄, 그 밖의 연료 등의 원료가 되는 물질을 제조 또는 정제하거나 연료로 만들기 위하여 처리·수송 또는 저장하는 시설

5) 공중이 출입할 수 있는 건조물·항공기·선박으로서 1)부터 4)까지에 해당하는 것을 제외한 시설

마. 핵물질(「원자력시설 등의 방호 및 방사능 방재 대책법」 제2조제1호의 핵물질을 말한다. 이하 이 목에서 같다), 방사성물질(「원자력안전법」 제2조제5호의 방사성물질을 말한다. 이하 이 목에서 같다) 또는 원자력시설(「원자력시설 등의 방호 및

방사능 방재 대책법」 제2조제2호의 원자력시설을 말한다. 이하 이 목에서 같다)
과 관련된 다음 각각의 어느 하나에 해당하는 행위

1) 원자로를 파괴하여 사람의 생명 · 신체 또는 재산을 해하거나 그 밖에 공공의 안전을 위태롭게 하는 행위
2) 방사성물질 등과 원자로 및 관계 시설, 핵연료주기시설 또는 방사선발생장치를 부당하게 조작하여 사람의 생명이나 신체에 위험을 가하는 행위
3) 핵물질을 수수 · 소지 · 소유 · 보관 · 사용 · 운반 · 개조 · 처분 또는 분산하는 행위
4) 핵물질이나 원자력시설을 파괴 · 손상 또는 그 원인을 제공하거나 원자력시설의 정상적인 운전을 방해하여 방사성물질을 배출하거나 방사선을 노출하는 행위

2. "테러단체"란 국제연합(UN)이 지정한 테러단체를 말한다.
3. "테러위험인물"이란 테러단체의 조직원이거나 테러단체 선전, 테러자금 모금 · 기부, 그 밖에 테러 예비 · 음모 · 선전 · 선동을 하였거나 하였다고 의심할 상당한 이유가 있는 사람을 말한다.
4. "외국인테러전투원"이란 테러를 실행 · 계획 · 준비하거나 테러에 참가할 목적으로 국적국이 아닌 국가의 테러단체에 가입하거나 가입하기 위하여 이동 또는 이동을 시도하는 내국인 · 외국인을 말한다.
5. "테러자금"이란 「공중 등 협박목적 및 대량살상무기확산을 위한 자금조달행위의 금지에 관한 법률」 제2조제1호에 따른 공중 등 협박목적을 위한 자금을 말한다.
6. "대테러활동"이란 제1호의 테러 관련 정보의 수집, 테러위험인물의 관리, 테러에 이용될 수 있는 위험물질 등 테러수단의 안전관리, 인원 · 시설 · 장비의 보호, 국제행사의 안전확보, 테러위협에의 대응 및 무력진압 등 테러 예방과 대응에 관한 제반 활동을 말한다.
7. "관계기관"이란 대테러활동을 수행하는 국가기관, 지방자치단체, 그 밖에 대통령령으로 정하는 기관을 말한다.
8. "대테러조사"란 대테러활동에 필요한 정보나 자료를 수집하기 위하여 현장조사 · 문서열람 · 시료채취 등을 하거나 조사대상자에게 자료제출 및 진술을 요구하는 활동을 말한다.

### 2-1. 시행령

제2조(관계기관의 범위)

「국민보호와 공공안전을 위한 테러방지법」(이하 "법"이라 한다) 제2조제7호에서 "대통령령으로 정하는 기관"이란 다음 각 호의 기관 또는 단체를 말한다.

1. 「공공기관의 운영에 관한 법률」 제4조에 따른 공공기관
2. 「지방공기업법」 제2조제1항제1호부터 제4호까지의 사업을 수행하는 지방직영기업, 지방공사 및 지방공단

## 3. 국가 및 지방자치단체의 책무(제3조)

① 국가 및 지방자치단체는 테러로부터 국민의 생명·신체 및 재산을 보호하기 위하여 테러의 예방과 대응에 필요한 제도와 여건을 조성하고 대책을 수립하여 이를 시행하여야 한다.

② 국가 및 지방자치단체는 제1항의 대책을 강구함에 있어 국민의 기본적 인권이 침해당하지 아니하도록 최선의 노력을 하여야 한다.

③ 이 법을 집행하는 공무원은 헌법상 기본권을 존중하여 이 법을 집행하여야 하며 헌법과 법률에서 정한 적법절차를 준수할 의무가 있다.

## 4. 다른 법률과의 관계(제4조)

이 법은 대테러활동에 관하여 다른 법률에 우선하여 적용한다.

## 5. 국가테러대책위원회(제5조)

① 대테러활동에 관한 정책의 중요사항을 심의·의결하기 위하여 국가테러대책위원회(이하 "대책위원회"라 한다)를 둔다.

② 대책위원회는 국무총리 및 관계기관의 장 중 대통령령으로 정하는 사람으로 구성하고 위원장은 국무총리로 한다.

③ 대책위원회는 다음 각 호의 사항을 심의·의결한다.

1. 대테러활동에 관한 국가의 정책 수립 및 평가
2. 국가 대테러 기본계획 등 중요 중장기 대책 추진사항
3. 관계기관의 대테러활동 역할 분담·조정이 필요한 사항
4. 그 밖에 위원장 또는 위원이 대책위원회에서 심의·의결할 필요가 있다고 제의하는 사항

④ 그 밖에 대책위원회의 구성·운영 등에 필요한 사항은 대통령령으로 정한다.

## 5-1. 시행령

제3조(국가테러대책위원회 구성)

① 법 제5조제2항에서 "대통령령으로 정하는 사람"이란 기획재정부장관, 외교부장관, 통일부장관, 법무부장관, 국방부장관, 행정안전부장관, 산업통상자원부장관, 보건복지부장관, 환경부장관, 국토교통부장관, 해양수산부장관, 국가정보원장, 국무조정실장, 금융위원회 위원장, 원자력안전위원회 위원장, 대통령경호처장, 관세청장, 경찰청장, 소방청장 및 해양경찰청장을 말한다.

② 법 제5조에 따른 국가테러대책위원회(이하 "대책위원회"라 한다)의 위원장(이하 "위원장"이라 한다)은 안건 심의에 필요한 경우에는 제1항에서 정한 위원 외에 관계기관의 장 또는 그 밖의 관계자에게 회의 참석을 요청할 수 있다.

③ 대책위원회의 사무를 처리하기 위하여 간사를 두되, 간사는 법 제6조에 따른 대테러센터(이하 "대테러센터"라 한다)의 장(이하 "대테러센터장"이라 한다)이 된다.

## 5-2. 시행규칙

제7조(치료비 산정)

① 영 제35조제2항 각 호의 치료비(이하 "치료비"라 한다)는 피해자가 「의료법」 제3조에 따른 의료기관에서 5주 이상의 치료가 필요한 신체적·정신적 피해의 회복을 직접적인 목적으로 지출한 비용을 말한다. 다만, 간병을 목적으로 지출한 비용은 제외한다.

② 치료비는 「국민건강보험법 시행령」 제19조제2항에 따른 본인부담액을 기준으로 하며, 피해자가 「의료급여법」 제2조제1호에 따른 수급권자인 경우 같은 법 제10조에 따라 의료급여기금에서 부담한 급여비용을 고려하여 지급한다.

③ 치료비는 피해자 1명당 연 1천500만원, 총 5천만원의 한도에서 지원한다. 다만, 해당 테러사건의 발생일부터 5년이 지난 후 치료를 받은 경우에는 그 치료비를 지원하지 아니한다.

④ 제1항 본문 및 제3항 본문 · 단서에도 불구하고 테러피해의 경위, 정도 및 피해자의 경제적 사정 등을 고려하여 특별히 지원할 필요가 있다고 판단되는 경우에는 법 제5조에 따른 국가테러대책위원회의 심의 · 의결을 거쳐 다음 각 호의 비용을 추가로 지원할 수 있다.

1. 5주 미만의 치료를 요하는 신체적 · 정신적 피해에 대한 치료비
2. 연 1천500만원을 초과하는 치료비
3. 총 5천만원을 초과하는 치료비
4. 해당 테러사건 발생일부터 5년이 지난 후 치료를 받은 경우 그 치료비

## 6. 대테러센터(제6조)

① 대테러활동과 관련하여 다음 각 호의 사항을 수행하기 위하여 국무총리 소속으로 관계기관 공무원으로 구성되는 대테러센터를 둔다.

1. 국가 대테러활동 관련 임무분담 및 협조사항 실무 조정
2. 장단기 국가대테러활동 지침 작성 · 배포
3. 테러경보 발령
4. 국가 중요행사 대테러안전대책 수립
5. 대책위원회의 회의 및 운영에 필요한 사무의 처리
6. 그 밖에 대책위원회에서 심의 · 의결한 사항

② 대테러센터의 조직 · 정원 및 운영에 관한 사항은 대통령령으로 정한다.

③ 대테러센터 소속 직원의 인적사항은 공개하지 아니할 수 있다.

### 6-1. 시행령

제3조(국가테러대책위원회 구성)

① 법 제5조제2항에서 "대통령령으로 정하는 사람"이란 기획재정부장관, 외교부장관, 통일부장관, 법무부장관, 국방부장관, 행정안전부장관, 산업통상자원부장관, 보건복지부장관, 환경부장관, 국토교통부장관, 해양수산부장관, 국가정보원장, 국무조정실장, 금융위원회 위원장, 원자력안전위원회 위원장, 대통령경호처장, 관세청장, 경찰청장, 소방청장 및 해양경찰청장을 말한다.

② 법 제5조에 따른 국가테러대책위원회(이하 "대책위원회"라 한다)의 위원장(이하 "위원장"이라 한다)은 안건 심의에 필요한 경우에는 제1항에서 정한 위원 외에 관계기관의 장 또는 그 밖의 관계자에게 회의 참석을 요청할 수 있다.

③ 대책위원회의 사무를 처리하기 위하여 간사를 두되, 간사는 법 제6조에 따른 대테러센터(이하 "대테러센터"라 한다)의 장(이하 "대테러센터장"이라 한다)이 된다.

## 7. 대테러 인권보호관(제7조)

① 관계기관의 대테러활동으로 인한 국민의 기본권 침해 방지를 위하여 대책위원회 소속으로 대테러 인권보호관(이하 "인권보호관"이라 한다) 1명을 둔다.

② 인권보호관의 자격, 임기 등 운영에 관한 사항은 대통령령으로 정한다.

### 7-1. 시행령

제7조(대테러 인권보호관의 자격 및 임기)

① 법 제7조제1항에 따른 대테러 인권보호관(이하 "인권보호관"이라 한다)은 다음 각 호의 어느 하나에 해당하는 대한민국 국민 중에서 위원장이 위촉한다.

1. 변호사 자격이 있는 사람으로서 10년 이상의 실무경력이 있는 사람
2. 인권 분야에 전문지식이 있고 「고등교육법」 제2조제1호에 따른 학교에서 부교수 이상으로 10년 이상 재직하고 있거나 재직하였던 사람
3. 국가기관 또는 지방자치단체에서 3급 상당 이상의 공무원으로 재직하였던 사람 중

인권 관련 업무 경험이 있는 사람

4. 인권분야 비영리 민간단체 · 법인 · 국제기구에서 근무하는 등 인권 관련 활동에 10년 이상 종사한 경력이 있는 사람

② 인권보호관의 임기는 2년으로 하고, 연임할 수 있다.

③ 인권보호관은 다음 각 호의 경우를 제외하고는 그 의사에 반하여 해촉되지 아니한다.

1. 「국가공무원법」 제33조 각 호의 결격사유에 해당하는 경우
2. 직무와 관련한 형사사건으로 기소된 경우
3. 직무상 알게 된 비밀을 누설한 경우
4. 그 밖에 장기간의 심신쇠약으로 인권보호관의 직무를 계속 수행할 수 없는 특별한 사유가 발생한 경우

## 8. 전담조직의 설치(제8조)

① 관계기관의 장은 테러 예방 및 대응을 위하여 필요한 전담조직을 둘 수 있다.

② 관계기관의 전담조직의 구성 및 운영과 효율적 테러대응을 위하여 필요한 사항은 대통령령으로 정한다.

### 8-1. 시행령

제11조(전담조직)

① 법 제8조에 따른 전담조직(이하 "전담조직"이라 한다)은 제12조부터 제21조까지의 규정에 따라 테러 예방 및 대응을 위하여 관계기관 합동으로 구성하거나 관계기관의 장이 설치하는 다음 각 호의 전문조직(협의체를 포함한다)으로 한다.

1. 지역 테러대책협의회
2. 공항 · 항만 테러대책협의회
3. 테러사건대책본부
4. 현장지휘본부
5. 화생방테러대응지원본부
6. 테러복구지원본부

7. 대테러특공대
8. 테러대응구조대
9. 테러정보통합센터
10. 대테러합동조사팀

② 관계기관의 장은 제1항 각 호에 따른 전담조직 외에 테러 예방 및 대응을 위하여 필요한 경우에는 대테러업무를 수행하는 하부조직을 전담조직으로 지정·운영할 수 있다.

## 9. 테러위험인물에 대한 정보 수집 등(제9조)

① 국가정보원장은 테러위험인물에 대하여 출입국·금융거래 및 통신이용 등 관련 정보를 수집할 수 있다. 이 경우 출입국·금융거래 및 통신이용 등 관련 정보의 수집에 있어서는 「출입국관리법」, 「관세법」, 「특정 금융거래정보의 보고 및 이용 등에 관한 법률」, 「통신비밀보호법」의 절차에 따른다.

② 국가정보원장은 제1항에 따른 정보 수집 및 분석의 결과 테러에 이용되었거나 이용될 가능성이 있는 금융거래에 대하여 지급정지 등의 조치를 취하도록 금융위원회 위원장에게 요청할 수 있다.

③ 국가정보원장은 테러위험인물에 대한 개인정보(「개인정보 보호법」상 민감정보를 포함한다)와 위치정보를 「개인정보 보호법」 제2조의 개인정보처리자와 「위치정보의 보호 및 이용 등에 관한 법률」 제5조제7항에 따른 개인위치정보사업자 및 같은 법 제5조의2 제3항에 따른 사물위치정보사업자에게 요구할 수 있다.

④ 국가정보원장은 대테러활동에 필요한 정보나 자료를 수집하기 위하여 대테러조사 및 테러위험인물에 대한 추적을 할 수 있다. 이 경우 사전 또는 사후에 대책위원회 위원장에게 보고하여야 한다.

## 10. 테러예방을 위한 안전관리대책의 수립(제10조)

① 관계기관의 장은 대통령령으로 정하는 국가중요시설과 많은 사람이 이용하는 시설 및 장비(이하 "테러대상시설"이라 한다)에 대한 테러예방대책과 테러의 수단으로 이용될

수 있는 폭발물 · 총기류 · 화생방물질(이하 "테러이용수단"이라 한다), 국가 중요행사에 대한 안전관리대책을 수립하여야 한다.

② 제1항에 따른 안전관리대책의 수립 · 시행에 필요한 사항은 대통령령으로 정한다.

## 10-1. 시행령

제25조(테러대상시설 및 테러이용수단 안전대책 수립)

① 법 제10조제1항에서 "대통령령으로 정하는 국가중요시설과 많은 사람이 이용하는 시설 및 장비"(이하 "테러대상시설"이라 한다)란 다음 각 호의 시설을 말한다.

1. 국가중요시설: 「통합방위법」 제21조제4항에 따라 지정된 국가중요시설 및 「보안업무규정」 제32조에 따른 국가보안시설
2. 많은 사람이 이용하는 시설 및 장비(이하 "다중이용시설"이라 한다): 다음 각 목의 시설과 장비 중 관계기관의 장이 소관업무와 관련하여 대테러센터장과 협의하여 지정하는 시설
   가. 「도시철도법」 제2조제2호에 따른 도시철도
   나. 「선박안전법」 제2조제10호에 따른 여객선
   다. 「재난 및 안전관리 기본법 시행령」 제43조의8제1호 · 제2호에 따른 건축물 또는 시설
   라. 「철도산업발전기본법」 제3조제4호에 따른 철도차량
   마. 「항공안전법」 제2조제1호에 따른 항공기

② 관계기관의 장은 법 제10조제1항에 따른 테러대상시설에 대한 테러예방대책과 법 제10조제1항에 따른 테러이용수단(이하 테러이용수단이라 한다)의 제조 · 취급 · 저장 시설에 대한 안전관리대책 수립 시 다음 각 호의 사항을 포함하여야 한다.

1. 인원 · 차량에 대한 출입 통제 및 자체 방호계획
2. 테러 첩보의 입수 · 전파 및 긴급대응 체계 구축 방안
3. 테러사건 발생 시 비상대피 및 사후처리 대책

③ 관계기관의 장은 테러대상시설 및 테러이용수단의 제조 · 취급 · 저장 시설에 대하여 다음 각 호의 업무를 수행하여야 한다.

1. 테러예방대책 및 안전관리대책의 적정성 평가와 그 이행 실태 확인
2. 소관 분야 테러이용수단의 종류 지정 및 해당 테러이용수단의 생산 · 유통 · 판매에

관한 정보 통합관리

제26조(국가 중요행사 안전관리대책 수립)
① 법 제10조제1항에 따라 안전관리대책을 수립하여야 하는 국가 중요행사는 국내외에서 개최되는 행사 중 관계기관의 장이 소관 업무와 관련하여 주관기관, 개최근거, 중요도 등을 기준으로 대테러센터장과 협의하여 정한다.
② 관계기관의 장은 대테러센터장과 협의하여 국가 중요행사의 특성에 맞는 분야별 안전관리대책을 수립·시행하여야 한다.
③ 관계기관의 장은 국가 중요행사에 대한 안전관리대책을 협의·조정하기 위하여 필요한 경우에는 대책위원회의 심의·의결을 거쳐 관계기관 합동으로 대테러·안전대책기구를 편성·운영할 수 있다.
④ 제2항에 따른 안전관리대책의 수립·시행 및 제3항에 따른 대테러·안전대책기구의 편성·운영에 관한 사항 중 대통령과 국가원수에 준하는 국빈 등의 경호 및 안전관리에 관한 사항은 대통령경호처장이 정한다.

## 11. 테러취약요인 사전제거(제11조)

① 테러대상시설 및 테러이용수단의 소유자 또는 관리자는 보안장비를 설치하는 등 테러취약요인 제거를 위하여 노력하여야 한다.
② 국가는 제1항의 테러대상시설 및 테러이용수단의 소유자 또는 관리자에게 필요한 경우 그 비용의 전부 또는 일부를 지원할 수 있다.
③ 제2항에 따른 비용의 지원 대상·기준·방법 및 절차 등에 필요한 사항은 대통령령으로 정한다.

## 12. 테러선동·선전물 긴급 삭제 등 요청(제12조)

① 관계기관의 장은 테러를 선동·선전하는 글 또는 그림, 상징적 표현물, 테러에 이용될 수 있는 폭발물 등 위험물 제조법 등이 인터넷이나 방송·신문, 게시판 등을 통해 유

포될 경우 해당 기관의 장에게 긴급 삭제 또는 중단, 감독 등의 협조를 요청할 수 있다.
② 제1항의 협조를 요청받은 해당 기관의 장은 필요한 조치를 취하고 그 결과를 관계기관의 장에게 통보하여야 한다.

## 13. 외국인테러전투원에 대한 규제(제13조)

① 관계기관의 장은 외국인테러전투원으로 출국하려 한다고 의심할 만한 상당한 이유가 있는 내국인·외국인에 대하여 일시 출국금지를 법무부장관에게 요청할 수 있다.
② 제1항에 따른 일시 출국금지 기간은 90일로 한다. 다만, 출국금지를 계속할 필요가 있다고 판단할 상당한 이유가 있는 경우에 관계기관의 장은 그 사유를 명시하여 연장을 요청할 수 있다.
③ 관계기관의 장은 외국인테러전투원으로 가담한 사람에 대하여 「여권법」 제13조에 따른 여권의 효력정지 및 같은 법 제12조제3항에 따른 재발급 거부를 외교부장관에게 요청할 수 있다.

## 14. 신고자 보호 및 포상금(제14조)

① 국가는 「특정범죄신고자 등 보호법」에 따라 테러에 관한 신고자, 범인검거를 위하여 제보하거나 검거활동을 한 사람 또는 그 친족 등을 보호하여야 한다.
② 관계기관의 장은 테러의 계획 또는 실행에 관한 사실을 관계기관에 신고하여 테러를 사전에 예방할 수 있게 하였거나, 테러에 가담 또는 지원한 사람을 신고하거나 체포한 사람에 대하여 대통령령으로 정하는 바에 따라 포상금을 지급할 수 있다.

### 14-1. 시행령

제29조(포상금의 지급)
① 법 제14조제2항에 따른 포상금(이하 "포상금"이라 한다)은 제30조에 따른 포상금심사위원회의 심의·의결을 거쳐 관계기관의 장이 지급할 수 있다.

② 법 제14조제2항에 따른 신고를 받거나 체포된 범인을 인도받은 관계기관의 장은 지체 없이 관할 지방검찰청 검사장이나 지청장 또는 군 검찰부가 설치되어 있는 부대의 장에게 그 사실을 통보하여야 하며, 검사 또는 군 검찰부 검찰관은 신고를 한 사람이나 범인을 체포하여 관계기관의 장에게 인도한 사람(이하 "신고자등"이라 한다)에게 신고 또는 인도를 증명하는 서류를 발급하여야 한다.

③ 관계기관의 장은 테러예방에 기여하였다고 인정되는 신고자등을 포상금 지급 대상자로 추천할 수 있다. 이 경우 그 대상자에게 추천 사실을 통지하여야 한다.

제31조(포상금 지급기준)

① 법 제14조제2항에 따른 포상금은 다음 각 호의 사항을 고려하여 1억원의 범위에서 차등 지급한다.

1. 신고 내용의 정확성이나 증거자료의 신빙성
2. 신고자등이 테러 신고와 관련하여 불법행위를 하였는지 여부
3. 신고자등이 테러예방 등에 이바지한 정도
4. 신고자등이 관계기관 등에 신고·체포할 의무가 있는지 또는 직무와 관련하여 신고·체포를 하였는지 여부② 포상금의 세부적인 지급기준은 대책위원회의 의결을 거쳐 위원장이 정한다.

③ 관계기관의 장은 하나의 테러사건에 대한 신고자등이 2명 이상인 경우에는 제2항에 따른 지급기준의 범위에서 그 공로를 고려하여 배분·지급한다.

④ 관계기관의 장은 제3항의 경우 포상금을 받을 사람이 배분방법에 관하여 미리 합의하여 포상금 지급을 신청하는 경우에는 그 합의한 내용에 따라 지급한다. 다만, 합의된 비율이 현저하게 부당한 경우에는 심사위원회의 심의·의결을 거쳐 관계기관의 장이 이를 변경할 수 있다.

## 14-2. 시행규칙

제4조(포상금의 신청 절차)

법 제14조제2항에 따른 포상금을 받으려는 사람은 별지 제1호서식의 포상금 지급 신청서에 영 제32조제3항 각 호의 서류를 첨부하여 관계기관의 장에게 제출하여야 한다.

## 15. 테러피해의 지원(제15조)

① 테러로 인하여 신체 또는 재산의 피해를 입은 국민은 관계기관에 즉시 신고하여야 한다. 다만, 인질 등 부득이한 사유로 신고할 수 없을 때에는 법률관계 또는 계약관계에 의하여 보호의무가 있는 사람이 이를 알게 된 때에 즉시 신고하여야 한다.
② 국가 또는 지방자치단체는 제1항의 피해를 입은 사람에 대하여 대통령령으로 정하는 바에 따라 치료 및 복구에 필요한 비용의 전부 또는 일부를 지원할 수 있다. 다만, 「여권법」 제17조제1항 단서에 따른 외교부장관의 허가를 받지 아니하고 방문 및 체류가 금지된 국가 또는 지역을 방문·체류한 사람에 대해서는 그러하지 아니하다.
③ 제2항에 따른 비용의 지원 기준·절차·금액 및 방법 등에 관하여 필요한 사항은 대통령령으로 정한다.

### 15-1. 시행령

제35조(테러피해의 지원)
① 법 제15조제2항에 따라 국가 또는 지방자치단체가 지원할 수 있는 비용(이하 "피해지원금"이라 한다)은 신체 피해에 대한 치료비 및 재산 피해에 대한 복구비로 한다.
② 테러로 인한 신체 피해에 대한 치료비는 다음 각 호와 같고, 치료비 산정에 필요한 사항은 총리령으로 정한다.
1. 신체적 부상 및 후유증에 대한 치료비
2. 정신적·심리적 피해에 대한 치료비
③ 테러로 인한 재산 피해에 대한 복구비는 「재난 및 안전관리 기본법」 제66조에 따른 사회재난 피해 지원의 기준과 금액을 고려하여 대책위원회가 정한다.
④ 제2항에 따른 치료비와 제3항에 따른 복구비는 대책위원회의 심의·의결을 거쳐 일시금으로 지급한다.
⑤ 제2항부터 제4항까지에서 규정한 사항 외에 피해지원금의 한도·세부기준과 지급 방법 및 절차 등에 관하여 필요한 사항은 대책위원회가 정한다.

제39조(피해지원금 및 특별위로금 지급 신청) ① 법 제15조 또는 제16조에 따라 피해지원금 또는 특별위로금의 지급을 신청하려는 사람은 테러사건으로 피해를 입은 날부터 6개월

이내에 총리령으로 정하는 바에 따라 지급신청서에 관련 증명서류를 첨부하여 대책본부를 설치한 관계기관의 장에게 제출하여야 한다.

② 법 제15조 또는 제16조에 따른 피해지원금 또는 특별위로금의 지급을 신청하려는 사람이 둘 이상인 경우에는 다음 각 호의 구분에 따라 신청인 대표자를 선정할 수 있다. 이 경우 같은 순위의 사람이 둘 이상이면 같은 순위의 사람이 합의하여 신청인 대표자를 정하되, 합의가 이루어지지 아니하는 경우나 그 밖의 부득이한 사유가 있으면 신청인 대표자를 선정하지 아니할 수 있다.

1. 사망한 피해자에 대한 피해지원금 및 특별위로금: 총리령에서 정하는 바에 따라 맨 앞 순위인 유족 1명
2. 생존한 피해자에 대한 피해지원금 및 특별위로금: 생존한 피해자(생존한 피해자의 법정대리인을 포함한다)

③ 피해지원금 및 특별위로금의 지급 신청, 지급 결정에 대한 동의, 지급 청구 또는 수령 등을 직접 하기 어려운 사정이 있으면 다른 사람을 대리인으로 선임할 수 있다.

④ 대책본부를 설치한 관계기관의 장은 제1항에 따라 피해지원금 또는 특별위로금의 지급신청을 받으면 그 관련 서류 등을 검토하고 서류 등이 누락되거나 보완이 필요한 경우 기간을 정하여 신청인(제2항에 따른 신청인 대표자, 제3항에 따른 대리인을 포함한다. 이하 같다)에게 보완을 요청할 수 있다.

제44조(다른 법령에 따른 급여 등과의 관계)

테러로 인하여 신체 또는 재산의 피해를 입은 사람과 피해를 입은 사람의 유족 또는 신체상의 장애 및 장기치료가 필요한 피해를 입은 사람이 해당 테러 행위를 원인으로 하여 다른 법령에 따라 신체 또는 재산의 피해에 대한 치료비, 복구비, 특별위로금 또는 이에 상당하는 지원을 받을 수 있을 때에는 그 받을 금액의 범위에서 법 제15조제2항에 따른 치료비·복구비 또는 법 제16조제1항에 따른 특별 위로금을 지급하지 아니한다.

## 16. 특별위로금(제16조)

① 테러로 인하여 생명의 피해를 입은 사람의 유족 또는 신체상의 장애 및 장기치료를 요하는 피해를 입은 사람에 대해서는 그 피해의 정도에 따라 등급을 정하여 특별위로금

을 지급할 수 있다. 다만, 「여권법」 제17조제1항 단서에 따른 외교부장관의 허가를 받지 아니하고 방문 및 체류가 금지된 국가 또는 지역을 방문·체류한 사람에 대해서는 그러하지 아니하다.

② 제1항에 따른 특별위로금의 지급 기준·절차·금액 및 방법 등에 관하여 필요한 사항은 대통령령으로 정한다.

## 16-1. 시행령

제36조(특별위로금의 종류)

① 법 제16조제1항에 따른 특별위로금은 다음 각 호의 구분에 따라 지급한다.

1. 유족특별위로금: 테러로 인하여 사망한 경우
2. 장해특별위로금: 테러로 인하여 신체상의 장애를 입은 경우. 이 경우 신체상 장애의 기준은 「범죄피해자 보호법」 제3조제5호, 같은 법 시행령 제2조, 별표 1 및 별표 2에 따른 장해의 기준을 따른다.
3. 중상해특별위로금: 테러로 인하여 장기치료가 필요한 피해를 입은 경우. 이 경우 장기치료가 필요한 피해의 기준은 「범죄피해자 보호법」 제3조제6호 및 같은 법 시행령 제3조에서 정한 중상해의 기준을 따른다.

② 대책본부를 설치한 관계기관의 장은 제1항에 따른 특별위로금을 대책위원회의 심의·의결을 거쳐 일시금으로 지급한다.

③ 제1항제1호에 따른 유족특별위로금(이하 "유족특별위로금"이라 한다)은 피해자가 사망하였을 때 총리령으로 정하는 바에 따라 맨 앞 순위인 유족에게 지급한다. 다만, 순위가 같은 유족이 2명 이상이면 똑같이 나누어 지급한다.

④ 제1항제2호에 따른 장해특별위로금(이하 "장해특별위로금"이라 한다) 및 제1항제3호에 따른 중상해특별위로금(이하 "중상해특별위로금"이라 한다)은 해당 피해자에게 지급한다.

제44조(다른 법령에 따른 급여 등과의 관계)

테러로 인하여 신체 또는 재산의 피해를 입은 사람과 피해를 입은 사람의 유족 또는 신체상의 장애 및 장기치료가 필요한 피해를 입은 사람이 해당 테러 행위를 원인으로 하여 다른 법령에 따라 신체 또는 재산의 피해에 대한 치료비, 복구비, 특별위로금 또는 이에 상당하는 지원을 받을 수 있을 때에는 그 받을 금액의 범위에서 법 제15조제2항에 따른 치료비 · 복구비 또는 법 제16조제1항에 따른 특별위로금을 지급하지 아니한다.

## 17. 테러단체 구성죄 등(제17조)

① 테러단체를 구성하거나 구성원으로 가입한 사람은 다음 각 호의 구분에 따라 처벌한다.
1. 수괴(首魁)는 사형 · 무기 또는 10년 이상의 징역
2. 테러를 기획 또는 지휘하는 등 중요한 역할을 맡은 사람은 무기 또는 7년 이상의 징역
3. 타국의 외국인테러전투원으로 가입한 사람은 5년 이상의 징역
4. 그 밖의 사람은 3년 이상의 징역

② 테러자금임을 알면서도 자금을 조달 · 알선 · 보관하거나 그 취득 및 발생원인에 관한 사실을 가장하는 등 테러단체를 지원한 사람은 10년 이하의 징역 또는 1억원 이하의 벌금에 처한다.

③ 테러단체 가입을 지원하거나 타인에게 가입을 권유 또는 선동한 사람은 5년 이하의 징역에 처한다.

④ 제1항 및 제2항의 미수범은 처벌한다.

⑤ 제1항 및 제2항에서 정한 죄를 범할 목적으로 예비 또는 음모한 사람은 3년 이하의 징역에 처한다.

⑥ 「형법」 등 국내법에 죄로 규정된 행위가 제2조의 테러에 해당하는 경우 해당 법률에서 정한 형에 따라 처벌한다.

## 18. 무고, 날조(제18조)

① 타인으로 하여금 형사처분을 받게 할 목적으로 제17조의 죄에 대하여 무고 또는 위증을 하거나 증거를 날조 · 인멸 · 은닉한 사람은 「형법」 제152조부터 제157조까지에서 정한 형에 2분의 1을 가중하여 처벌한다.

② 범죄수사 또는 정보의 직무에 종사하는 공무원이나 이를 보조하는 사람 또는 이를 지휘하는 사람이 직권을 남용하여 제1항의 행위를 한 때에도 제1항의 형과 같다. 다만, 그 법정형의 최저가 2년 미만일 때에는 이를 2년으로 한다.

## 18-1. 시행규칙

제11조(유족특별위로금의 금액)

① 유족특별위로금의 산정에서 피해자의 월급액이나 월실수입액 또는 평균임금(이하 "월급액등"이라 한다)에 곱하는 "총리령으로 정한 개월 수"에 관하여는 다음 각 호의 구분에 따른 개월 수에 일정한 배수를 곱한 개월 수를 말하며, 다음 각 호의 구분에 따른 개월 수에 곱하는 일정한 배수에 관하여는 「범죄피해자 보호법 시행령」 별표 4를 준용한다. 이 경우 해당 별표 중 "제22조제1호"는 "제11조제1항제1호"로, "제22조제2호"는 "제11조제1항제2호"로, "제22조제3호"는 "제11조제1항제3호"로, "법 제18조제1항제3호"는 "제8조제1항제3호"로, "구조피해자"는 "피해자"로 각각 본다.

1. 제8조제1항제1호의 유족: 40개월
2. 제8조제1항제2호의 유족: 32개월
3. 제8조제1항제3호의 유족: 24개월

② 제1항에도 불구하고 유족특별위로금액은 평균임금의 48개월분을 초과할 수 없다.

## 19. 세계주의(제19조)

제17조의 죄는 대한민국 영역 밖에서 범한 외국인에게도 국내법을 적용한다.

# 제2장 테러방지법 연혁[12)]

테러방지법은 2016년 3월3일 법률 제14071호로 제정되었다. 제정이유는 2001년 9·11테러 이후 국제사회가 지속적으로 테러와의 전쟁을 치르고 있으며, 유엔은 9·11테러 이후 테러근절을 위해 국제공조를 결의하고 테러방지를 위한 국제협약 가입과 법령 제정 등을 권고해 OECD 34개 국가 대부분이 테러방지를 위한 법률을 제정하였음에도 불구하고 아직 우리나라에서는 국가 대테러활동 수행에 기본이 되는 법적 근거조차 마련하지 못하고 있는 실정이다. 이는 테러로부터 국민을 안전하게 보호하기 위해 모든 역량을 집중해야 하는 국가가 그 책임을 다하지 못하는 결과를 낳게 될 것이고, 국민은 테러의 위협으로부터 안전을 도모하기 어려운 상황을 맞이하게 될 것이다.

이에 테러방지를 위한 국가 등의 책무와 필요한 사항을 명확히 규정하여 국가의 안보 및 공공의 안전은 물론 국민의 생명과 신체 및 재산을 보호하려는 것이다.

현재까지 총 3차에 걸쳐 제·개정 되었으며, 주요 제·개정 연혁을 살펴보면 아래와 같다.

## 1. 국민보호와 공공안전을 위한 테러방지법[시행 2018. 10. 18.] [법률 제15608호, 2018. 4. 17., 타법개정]

사물위치정보사업자에 대하여 방송통신위원회의 허가를 받도록 하던 것을 신고하도록 하여 진입규제를 완화하고, 1인 창조기업 또는 소상공인의 경우 신고 절차를 간소화하여 위치기반서비스사업을 할 수 있도록 하며, 사물위치정보에 대해서는 소유자의 사전 동의 없이도 위치정보가 처리될 수 있도록 함.

한편, 일본식 한자어 또는 표현은 국민의 일상적인 언어생활과는 거리가 있는바, 일본어 한자어 또는 표현인 '함에 있어서는' 한다를 알기 쉬운 우리식 표현으로 순화하고, 위치정보사업자가 긴급구조기관으로부터 요청을 받아 재난 또는 재해 위험지역에 경보발송을 한 경우의 통계자료와 긴급구조기관 및 경찰관서로부터 요청을 받아 개인위치정보를 제공한 경우의 통계자료를 제출해야 하는 대상에 국회 과학기술정보방송통신위원회를 추가하려는 것임.

12) 법제처(moleg.go.kr/main.html), 국민보호와 공공안전을 위한 테러방지법, 2020, 재구성

## 2. 국민보호와 공공안전을 위한 테러방지법[시행 2016. 6. 4.] [법률 제14071호, 2016. 3. 3., 제정]

## 3. 국민보호와 공공안전을 위한 테러방지법[시행 2016. 3. 3.] [법률 제14071호, 2016. 3. 3., 제정]

2001년 9·11테러 이후 국제사회가 지속적으로 테러와의 전쟁을 치르고 있으며, 유엔은 9·11테러 이후 테러근절을 위해 국제공조를 결의하고 테러방지를 위한 국제협약 가입과 법령 제정 등을 권고해 OECD 34개 국가 대부분이 테러방지를 위한 법률을 제정하였음에도 불구하고 아직 우리나라에서는 국가 대테러활동 수행에 기본이 되는 법적 근거조차 마련하지 못하고 있는 실정임. 이는 테러로부터 국민을 안전하게 보호하기 위해 모든 역량을 집중해야 하는 국가가 그 책임을 다하지 못하는 결과를 낳게 될 것이고, 국민은 테러의 위협으로부터 안전을 도모하기 어려운 상황을 맞이하게 될 것임.

이에 테러방지를 위한 국가 등의 책무와 필요한 사항을 명확히 규정하여 국가의 안보 및 공공의 안전은 물론 국민의 생명과 신체 및 재산을 보호하려는 것임.

◇ 주요내용

가. 대테러활동의 개념을 테러의 예방 및 대응을 위하여 필요한 제반 활동으로 정의하고 테러의 개념을 국내 관련법에서 범죄로 규정한 행위를 중심으로 적시함(제2조).

나. 대테러활동에 관한 정책의 중요사항을 심의·의결하기 위하여 국무총리를 위원장으로 하여 국가테러대책위원회를 둠(제5조).

다. 대테러활동과 관련하여 임무분담 및 협조사항을 실무 조정하고, 테러경보를 발령하는 등의 업무를 수행하기 위하여 국무총리 소속으로 대테러센터를 둠(제6조).

라. 관계기관의 대테러활동으로 인한 국민의 기본권 침해 방지를 위해 대책위원회 소속으로 대테러 인권보호관 1명을 둠(제7조).

마. 국가정보원장은 테러위험인물에 대한 금융거래 정지 요청 및 통신이용 관련 정보를 수집할 수 있도록 함(제9조).

바. 관계기관의 장은 테러를 선전·선동하는 글 또는 그림, 상징적 표현이나 테러에 이용될 수 있는 폭발물 등 위험물 제조법이 인터넷 등을 통해 유포될 경우 해당기관의 장에 긴급 삭제 등 협조를 요청할 수 있도록 함(제12조).

사. 관계기관의 장은 외국인테러전투원으로 출국하려한다고 의심할만한 상당한 이유

가 있는 내·외국인에 대하여 일시 출국금지를 법무부장관에게 요청할 수 있도록 함(제13조).

아. 테러 계획 또는 실행 사실을 신고하여 예방할 수 있게 한 자 등에 대해 국가의 보호의무를 규정하고, 포상금을 지급할 수 있도록 하고, 피해를 입은 자에 대하여 국가 또는 지방자치단체는 치료 및 복구에 필요한 비용의 전부 또는 일부를 지원할 수 있도록 하는 한편 의료지원금, 특별위로금 등을 지급할 수 있도록 함(제14조부터 제16조까지).

자. 테러단체를 구성하거나 구성원으로 가입 등 테러관련 범죄를 처벌할 수 있도록 하고, 타인으로 하여금 형사처분을 받게 할 목적으로 이 법의 죄에 대하여 무고 또는 위증을 하거나 증거를 날조·인멸·은닉한 자는 가중처벌하며, 대한민국 영역 밖에서 이같은 죄를 범한 외국인에게도 국내법을 적용하도록 함(제17조부터 제19조까지).

# 제3장 기타사항[13)]

## 1. 시행규칙 별지

■ **국민보호와 공공안전을 위한 테러방지법 시행규칙** [별지 제1호서식]

### 포상금 지급 신청서

※ 색상이 어두운 난은 신청인이 적지 않습니다.

| 접수번호 | 접수일 | 처리기간 90일 |
|---|---|---|

| | | |
|---|---|---|
| 신청인 | 성명 | 주민등록번호 |
| | 전화번호 | 직업(직위) |
| | 주소 | |
| 신고개요 | | |
| 처벌사항 | ※ 공소제기, 기소유예, 공소보류 등 검찰 처분 또는 재판결과 등 기재 (관계기관의 장의 추천이 있는 경우에는 생략가능) | |
| 신청인 예금계좌 및 소견 | | |

「국민보호와 공공안전을 위한 테러방지법」 제14조, 같은 법 시행령 제32조 및 시행규칙 제4조에 따라 위와 같이 청구합니다.

년 월 일

신청인 (서명 또는 인)

**○○○(관계기관의 장)** 귀하

| | | |
|---|---|---|
| 첨부서류 | 1. 「국민보호와 공공안전을 위한 테러방지법 시행령」 제29조제2항에 따른 신고·인도 증명서 1부.<br>2. 「국민보호와 공공안전을 위한 테러방지법 시행령」 제29조제3항에 따른 추천 사실 통지서 또는 시행령 제32조제2항에 따른 결정통지서<br>3. 공적자술서 1부. | 수수료 없음 |

처리절차

| 신청서 작성 | → | 접 수 | → | 심의·의결 | → | 지급 결정 | → | 지 급 |
|---|---|---|---|---|---|---|---|---|
| 신청인 | | 관계기관의 장 | | 포상금심사위원회 | | 관계기관의 장 | | 관계기관의 장 |

210mm×297mm[백상지(80g/㎡) 또는 중질지(80g/㎡)]

13) 법제처(moleg.go.kr/main.html), 국민보호와 공공안전을 위한 테러방지법, 2020, 재구성

■ 국민보호와 공공안전을 위한 테러방지법 시행규칙 [별지 제2호서식]

## 행 정 기 관 명

수신자
(경유)
제 목 **포상금 반환 통지서**

「국민보호와 공공안전을 위한 테러방지법 시행령」 제34조 및 같은 법 시행규칙 제6조에 따라 귀하에게 지급한 포상금을 반환할 것을 알려드리오니 반납기한(통지받은 날부터 30일 이내)까지 아래 금액을 지정된 예금계좌로 반환해 주시기 바랍니다.

<table>
<tr><td rowspan="2">반환<br>대상자</td><td>성명</td><td>생년월일</td></tr>
<tr><td colspan="2">주소</td></tr>
<tr><td rowspan="3">반환<br>내용</td><td colspan="2">반환할 금액</td></tr>
<tr><td colspan="2">반환 사유</td></tr>
<tr><td>반납기한</td><td>반납 은행 계좌</td></tr>
</table>

끝.

○○○(관계기관의 장)직인

기안자 (직위/직급) 서명 검토자 (직위/직급)서명 결재권자 (직위/직급)서명
협조자
시행 처리과명-연도별일련번호(시행일) 접수 처리과명-연도별일련번호(접수일)
우 도로명주소 / 홈페이지 주소
전화번호( ) 팩스번호( ) / 공무원의 전자우편주소 / 공개구분

210㎜×297㎜[백상지(80g/㎡)]

■ 국민보호와 공공안전을 위한 테러방지법 시행규칙 [별지 제3호서식]

# 피해지원금[ ] 특별위로금[ ] 지급신청서

※ 색상이 어두운 난은 신청인이 적지 않습니다. (앞쪽)

| 접수번호 | 접수일 | 처리기간 120일 |
|---|---|---|

| 구분 | 항목 | 항목 |
|---|---|---|
| ① 신청인 (신청인대표자) | 성명 | 주민등록번호(외국인등록번호 또는 여권번호) |
| | 주소 | |
| | ② 피해자와의 관계 의 | 전화번호 |
| ③ 테러사건 피해자 | 성명 | 주민등록번호(외국인등록번호 또는 여권번호) |
| | 주소 | |
| ④ 대리인 (선임한 경우) | 성명 | 주민등록번호(외국인등록번호 또는 여권번호) |
| | 전화번호 | |
| ⑤ 신체피해 지원금(치료비) 신청 | 기치료비 | 추정치료비 |
| | 다른 법령에 따라 지원받은 금액 | |
| | 피해 경위 및 내용<br><br>*이 난이 부족한 경우 「국민보호와 공공안전을 위한 테러방지법 시행규칙」 별지 제3호서식 부표(1)에 작성 | |
| | 특별위로금을 신청합니다.[ ] | * 피해자의 유족 또는 신체의 장애 및 장기치료를 요하는 피해를 입은 경우만 표시 |
| ⑥ 재산피해 지원금(복구비) 신청 | 피해금액 | 다른 법령에 따라 지원받은 금액 |
| | 피해 경위 및 내용<br><br>*이 난이 부족한 경우 「국민보호와 공공안전을 위한 테러방지법 시행규칙」 별지 제3호서식 부표(1)에 작성 | |

본인은 「국민보호와 공공안전을 위한 테러방지법」 제15조 · 제16조 및 같은 법 시행령 제39조 및 시행규칙 제14조에 따라 피해지원금(신체피해에 대한 지원금[ ], 재산피해에 대한 지원금[ ]), 특별위로금[ ] 지급을 신청합니다.

년 월 일

신청인 (서명 또는 인)

대리인 (서명 또는 인)

**○○○(관계기관의 장)** 귀하

| 첨부서류 | 뒤쪽 참조 |
|---|---|

210mm×297mm[백상지(80g/㎡) 또는 중질지(80g/㎡)]

■ 국민보호와 공공안전을 위한 테러방지법 시행규칙 [별지 제5호서식]

※ 뒤쪽의 신청인대표자 선정방법과 작성방법을 읽고 작성하시기 바랍니다. (앞쪽)

<table>
<tr><td colspan="5">신청인 대표자 선정서</td></tr>
<tr><td rowspan="5">신청인<br>대표자</td><td>성 명</td><td></td><td>생년월일</td><td></td></tr>
<tr><td>주 소</td><td colspan="3"></td></tr>
<tr><td colspan="2">피해자와의 관계: 의</td><td>전화번호</td><td></td></tr>
<tr><td rowspan="2">대리인<br>(선임한 경우)</td><td rowspan="2">(서명 또는 인)</td><td>생년월일</td><td></td></tr>
<tr><td>전화번호</td><td></td></tr>
<tr><td colspan="5">아래 위임자들은 「국민보호와 공공안전을 위한 테러방지법 시행령」 제39조제2항에 따라 위임자들의 (신체피해지원금[ ], 재산피해지원금[ ], 특별위로금[ ]) 의 지급신청, 지급결정 동의, 지급청구 및 수령에 관한 일체의 권한을 위 신청인 대표자에게 위임합니다.<br>년 월 일</td></tr>
<tr><td colspan="5">위 임 자 (신 청 인 )</td></tr>
<tr><td rowspan="5">1</td><td colspan="2">성명 (서명 또는 인)</td><td>생년월일</td><td></td></tr>
<tr><td colspan="2">주소</td><td>전화번호</td><td></td></tr>
<tr><td colspan="4">피해자와의 관계: 의</td></tr>
<tr><td rowspan="2">대리인<br>(선임한 경우)</td><td rowspan="2">(서명 또는 인)</td><td>생년월일</td><td></td></tr>
<tr><td>전화번호</td><td></td></tr>
<tr><td rowspan="5">2</td><td colspan="2">성명 (서명 또는 인)</td><td>생년월일</td><td></td></tr>
<tr><td colspan="2">주소</td><td>전화번호</td><td></td></tr>
<tr><td colspan="4">피해자와의 관계: 의</td></tr>
<tr><td rowspan="2">대리인<br>(선임한 경우)</td><td rowspan="2">(서명 또는 인)</td><td>생년월일</td><td></td></tr>
<tr><td>전화번호</td><td></td></tr>
<tr><td rowspan="5">3</td><td colspan="2">성명 (서명 또는 인)</td><td>생년월일</td><td></td></tr>
<tr><td colspan="2">주소</td><td>전화번호</td><td></td></tr>
<tr><td colspan="4">피해자와의 관계: 의</td></tr>
<tr><td rowspan="2">대리인<br>(선임한 경우)</td><td rowspan="2">(서명 또는 인)</td><td>생년월일</td><td></td></tr>
<tr><td>전화번호</td><td></td></tr>
<tr><td rowspan="5">4</td><td colspan="2">성명 (서명 또는 인)</td><td>생년월일</td><td></td></tr>
<tr><td colspan="2">주소</td><td>전화번호</td><td></td></tr>
<tr><td colspan="4">피해자와의 관계: 의</td></tr>
<tr><td rowspan="2">대리인<br>(선임한 경우)</td><td rowspan="2">(서명 또는 인)</td><td>생년월일</td><td></td></tr>
<tr><td>전화번호</td><td></td></tr>
<tr><td rowspan="5">5</td><td colspan="2">성명 (서명 또는 인)</td><td>생년월일</td><td></td></tr>
<tr><td colspan="2">주소</td><td>전화번호</td><td></td></tr>
<tr><td colspan="4">피해자와의 관계 : 의</td></tr>
<tr><td rowspan="2">대리인<br>(선임한 경우)</td><td rowspan="2">(서명 또는 인)</td><td>생년월일</td><td></td></tr>
<tr><td>전화번호</td><td></td></tr>
</table>

| 첨부서류 | 모든 위임자의 인감증명서 또는 본인서명사실확인서(신청인대표자 선정서에 서명한 경우에만 첨부합니다) 1부. 다만, 위임자가 미성년자인 경우에는 그 법정대리인(친권자 또는 미성년후견인)의 인감증명서 또는 본인서명사실확인서 1부 |
|---|---|

210㎜×297㎜[백상지(80g/㎡)]

(뒤쪽)

## 신청인대표자 선정방법

1. 「국민보호와 공공안전을 위한 테러방지법」 제15조 또는 제16조에 따른 피해지원금 또는 특별위로금의 지급을 신청하려는 사람이 둘 이상인 경우에는 다음 각 목의 구분에 따라 신청인 대표자를 선정할 수 있습니다. 이 경우 같은 순위의 사람이 둘 이상이면 같은 순위의 사람이 협의하여 신청인 대표자를 정하되, 합의가 이루어지지 않거나 그 밖의 부득이한 사유가 있으면 신청인 대표자를 선정하지 않을 수 있습니다.
   가. 사망한 피해자에 대한 피해지원금 및 특별위로금: 「국민보호와 공공안전을 위한 테러방지법 시행규칙」 제8조제1항 각 호의 유족 순서에 따라 맨 앞 순위인 유족 1명
   나. 생존한 피해자에 대한 피해지원금 및 특별위로금: 생존한 피해자. 이 경우 생존한 피해자가 미성년자인 경우에는 법정대리인이 신청인대표자가 되고, 생존한 피해자가 신체적 · 정신적 이유로 피해지원금 및 특별위로금 지급을 신청하기 어려운 사유 등이 있는 경우에는 대리인을 선임하여 신청할 수 있습니다.
2. 위임자가 성년자인 경우에는 위임자 본인의 인감증명서 또는 본인서명사실확인서를 첨부하여야 하고, 위임자가 미성년자인 경우에는 그 법정대리인(친권자 또는 미성년후견인)의 인감증명서 또는 본인서명사실확인서를 첨부하여야 합니다.

## 작성방법

1. 피해지원금 및 특별위로금 지급신청인이 2명 이상인 경우에 신청인대표자를 선정하는 서식으로 [ ]에는 해당되는 곳에 √표를 합니다.
2. 위임자가 미성년자인 경우 위임자의 성명, 생년월일, 주소, 휴대전화번호를 적고, 법정대리인(친권자 또는 미성년후견인)이 위임자 "○○○의 친권자 또는 미성년후견인 △△△"라고 적은 후 "서명 또는 날인"하여야 합니다.

■ **국민보호와 공공안전을 위한 테러방지법 시행규칙 [별지 제6호서식]**

## 위임장

| 수임자<br>(대리인) | 성 명 | | 생년월일 | |
|---|---|---|---|---|
| | 주 소 | | | |
| | 신청인과의 관계 | 의 | 전화번호 | |

본인(위임자)은 위 사람에게 「국민보호와 공공안전을 위한 테러방지법 시행령」 제39조 제3항에 따라 아래에 표시한 본인의 권한을 위임합니다.

[ ] 신체에 대한 피해지원금 신청

[ ] 재산에 대한 피해지원금 신청

[ ] 특별위로금 신청

년 월 일

| 위임자<br>(신청인) | 성 명 | (서명 또는 인) | 생년월일 | |
|---|---|---|---|---|
| | 주 소 | | | |
| | 위임 사유 | | 전화번호 | |

| 첨부서류 | 위임자의 인감증명서 또는 본인서명사실확인서(위임장에 서명한 경우에만 첨부합니다) 1부 |
|---|---|

### 작성방법

1. 이 서식은 제3자가 신청인을 대리하여 피해지원금 · 특별위로금 지급을 신청할 경우에 신청인이 대리인을 선임하는 서식으로 각각의 피해지원금 · 특별위로금의 지급신청 시마다 개별적으로 작성해야 합니다.
2. [ ]에는 해당되는 곳에 √표를 합니다.

210㎜×297㎜[백상지(80g/㎡)]

■ 국민보호와 공공안전을 위한 테러방지법 시행규칙 [별지 제7호서식]

# 재산피해명세서

성　　명:

년　　월　　일 현재

<table>
<tr><td rowspan="5">사건개요<br>(재산 피해 사유)</td><td>발생일시</td><td colspan="2"></td></tr>
<tr><td>발생장소</td><td colspan="2"></td></tr>
<tr><td>사고개요</td><td colspan="2"></td></tr>
<tr><td rowspan="2">물건의<br>멸실 · 훼손</td><td>피 해 액</td><td>원</td></tr>
<tr><td>내　　용</td><td></td></tr>
<tr><td rowspan="3">위 사건과 관련하여<br>다른 법률에 따라<br>이미 받은 금액</td><td colspan="3">내용<br>(적용된 다른 법률)</td></tr>
<tr><td colspan="3">금액</td></tr>
<tr><td colspan="2">지급일</td><td>지급자</td></tr>
</table>

## 재산피해 세부내용

(단위: 원)

| 품종 | 수 량 | 용 도 | 규 격 | 취득 연월일 | 피해의 정도 | 복구에 필요한 비용 | 복구 전 시가 | 복구 후 시가 | 비 고 |
|---|---|---|---|---|---|---|---|---|---|
| | | | | | | | | | |
| | | | | | | | | | |
| | | | | | | | | | |
| | | | | | | | | | |
| | | | | | | | | | |
| | | | | | | | | | |
| 계 | | | | | | | | | |

붙임 1. 수리견적 명세서 또는 수리를 한 자가 발행한 영수증과 그 명세서 1부
　　　2. 그 밖에 피해 내용을 증명할 수 있는 서류

비 고: 그 외 재산에 대해서는 이 양식에 준하여 신청인이 작성합니다.

210㎜×297㎜[백상지(80g/㎡)]

■ 국민보호와 공공안전을 위한 테러방지법 시행규칙 [별지 제8호서식(가)]

## 행 정 기 관 명

수신자
(경유)
제 목 [ ]피해지원금 [ ]특별위로금 지급 결정 통지서

귀하의 지급 신청(접수번호 제 호)에 대하여 별첨 지급결정서와 같이 피해지원금(신체피해에 대한 지원금[ ] 재산피해에 대한 지원금[ ]) 특별위로금[ ] 지급이 결정되었음을 통지하오니 아래 요령에 따라 조치하시기 바랍니다.

1. 지급결정에 동의하는 경우
「국민보호와 공공안전을 위한 테러방지법 시행령」 제14조제1항에 따라 테러사건 대책본부를 설치한 관계기관의 장에게 다음 서류를 첨부하여 피해지원금 등의 지급을 청구하시기 바랍니다.
가. 「국민보호와 공공안전을 위한 테러방지법 시행규칙」 별지 제10호서식의 지급 결정에 대한 동의 및 청구서 1부
나. 피해지원금 등 지급결정 통지서 1부
다. 신청인의 인감증명서(용도: 피해지원금등의 청구 및 수령용) 1부
1) 신청인이 미성년자인 경우: 법정대리인의 인감증명서 1부
2) 신청인이 2명 이상인 경우: 신청인별 인감증명서 각 1부

2. 지급결정에 이의가 있는 경우
가. 이의 신청을 하는 경우
1) 지급결정에 이의 신청하려는 경우에는 피해지원금 등 지급 결정 통지서를 받은 날부터 30일 이내에 대책본부를 설치한 관계기관의 장에게 「국민보호와 공공안전을 위한 테러방지법 시행규칙」 별지 제9호서식의 이의 신청서 1부를 작성하여 이의 신청을 할 수 있습니다.
2) 이의 신청 사유를 증명할 수 있는 자료를 첨부하시기 바랍니다.
나. 행정소송을 제기하는 경우
이의 신청을 하지 않고 곧바로 행정소송을 제기하려는 경우에는 피해지원금 등 지급 결정 통지서를 받은 날부터 90일 이내에 서울행정법원에 행정소송을 제기할 수 있습니다.

붙임 1. 피해지원금 · 특별위로금 지급결정서 2부
2. 지급 결정에 대한 동의 및 청구서 서식 1부
3. 이의 신청서 서식 1부. 끝.

○○○(관계기관의 장)직인

기안자 (직위/직급) 서명 검토자 (직위/직급)서명 결재권자 (직위/직급)서명
협조자
시행 처리과명-연도별일련번호(시행일) 접수 처리과명-연도별일련번호(접수일)
우 도로명주소 / 홈페이지 주소
전화번호( ) 팩스번호( ) / 공무원의 전자우편주소 / 공개구분

210㎜×297㎜[백상지(80g/㎡)]

■ 국민보호와 공공안전을 위한 테러방지법 시행규칙 [별지 제8호서식(나)]

# 행 정 기 관 명

수신자
(경유)
제 목 [ ]피해지원금 [ ]특별위로금 지급 결정 통지서(지급거부용)

1. 귀하의 지급 신청(접수번호 제 호)에 대하여 피해지원금(신체피해에 대한 지원금[ ] 재산피해에 대한 지원금[ ]) 특별위로금[ ] 지급결정서와 같이 지급하지 않기로 결정되었음을 알려드립니다.

2. 위 결정에 대하여 이의가 있을 때에는 지급 결정 통지서를 받은 날부터 30일 이내에 「국민보호와 공공안전을 위한 테러방지법 시행규칙」 제15조제2항에 따른 별지 제9호서식의 이의 신청서 1부를 작성하여 대책본부를 설치한 관계기관의 장에게 이의 신청(이의 신청 사유를 증명할 수 있는 자료를 첨부)을 할 수 있으며, 이의 신청을 하지 않고 곧바로 행정소송을 제기하려는 경우에는 피해지원금 등 지급 결정 통지서를 받은 날부터 90일 이내에 서울행정법원에 행정소송을 제기할 수 있습니다.

붙임 1. 피해지원금 · 특별위로금 지급결정서 2부
2. 이의 신청서 서식 1부
3. 이의 신청 사유를 증명할 수 있는 자료 1부. 끝.

OOO(관계기관의 장)직인

기안자 (직위/직급) 서명 검토자 (직위/직급)서명 결재권자 (직위/직급)서명
협조자
시행 처리과명-연도별일련번호(시행일) 접수 처리과명-연도별일련번호(접수일)
우 도로명주소 / 홈페이지 주소
전화번호( ) 팩스번호( ) / 공무원의 전자우편주소 / 공개구분

210㎜×297㎜[백상지(80g/㎡)]

■ 국민보호와 공공안전을 위한 테러방지법 시행규칙 [별지 제8호서식(다)]

(앞쪽)

<table>
<tr><th colspan="3">피해지원금[ ] 특별위로금[ ] 지급결정서</th></tr>
<tr><td colspan="3">접수번호 제 호</td></tr>
<tr><td rowspan="2">피해자</td><td>성명</td><td>생년월일</td></tr>
<tr><td colspan="2">당시 주소</td></tr>
<tr><td rowspan="3">신청인<br>[2명 이상은 「국민보호와 공공안전을 위한 테러방지법 시행규칙」 별지 제3호서식 부표(2) 사용]</td><td>성명</td><td>생년월일</td></tr>
<tr><td colspan="2">주소</td></tr>
<tr><td>피해자 의</td><td>전화번호</td></tr>
<tr><td>결정 내용</td><td colspan="2"></td></tr>
<tr><td>지급액</td><td colspan="2">금액 : 원정(\ )</td></tr>
<tr><td colspan="3">지급결정액 명세 및 결정 이유는 뒤쪽에 기재</td></tr>
<tr><td colspan="3">년 월 일<br><br>○○○(관계기관의 장) 직인</td></tr>
</table>

210㎜×297㎜[백상지(80g/㎡)]

(뒤쪽)

| 피해지원금 및 특별위로금 내 역 | 신체피해에 대한 치료비 | |
|---|---|---|
| | 재산피해에 대한 복구비 | |
| | 특별위로금 | |
| | 합 계 | |
| | 감 액 | |
| | 총 액 | |

**결정 이유**

[신체피해지원금 인정 여부 및 지급액 산출]

[재산피해지원금 인정 여부 및 지급액 산출]

[특별위로금 인정 여부 및 지급액 산출]

■ 국민보호와 공공안전을 위한 테러방지법 시행규칙 [별지 제9호서식]

# 이의 신청서

※ [ ]에는 해당되는 곳에 √표를 합니다.

| 접수번호 | 접수일 | 처리기간 60일 |
|---|---|---|

| | | |
|---|---|---|
| 피해자 | 성명 | 생년월일 |
| | 당시 주소 | |
| 신청인<br>[2명 이상은 「국민보호와 공공안전을 위한 테러방지법 시행규칙」 별지 제3호서식 부표(2) 사용] | 성명 | 생년월일 |
| | 주소 | |
| | 피해자와의 관계<br>의 | 전화번호 |
| 신청 사유 | | |

「국민보호와 공공안전을 위한 테러방지법 시행령」 제40조제2항에 따라 제 호 신청에 대한 년 월 일 피해지원금(신체피해에 대한 지원금[ ], 재산피해에 대한 지원금[ ]) 지급거부결정[ ] 특별위로금 지급거부결정[ ] 또는 피해지원금(신체피해에 대한 지원금[ ], 재산피해에 대한 지원금[ ]) 지급결정 [ ] 특별위로금 지급결정[ ]에 대하여 이의를 신청합니다.

년 월 일

신청인 (서명 또는 인)

대리인 (서명 또는 인)

○○○(관계기관의 장) 귀하

| 첨부서류 | 1. 결정통지서 1부<br>2. 이의 신청 사유를 증명할 수 있는 자료 1부 | 수수료<br>없음 |
|---|---|---|

처리절차

| 이의 신청서 작성 | → | 접수 | → | 심의 · 의결 | → | 결정 | → | 결과 통보 |
|---|---|---|---|---|---|---|---|---|
| 신청인 | | 대책본부를 설치한 관계기관의 장 | | 국가테러 대책위원회 | | 대책본부를 설치한 관계기관의 장 | | 대책본부를 설치한 관계기관의 장 |

210mm×297mm[백상지(80g/㎡) 또는 중질지(80g/㎡)]

■ 국민보호와 공공안전을 위한 테러방지법 시행규칙 [별지 제10호서식]

# 지급 결정에 대한 동의 및 신청서

※ 색상이 어두운 난은 신청인이 적지 않습니다.

| 접수번호 | 접수일 | 처리기간 90일 |
|---|---|---|

| 결정번호 | 제 호 | 결정일 |
|---|---|---|
| 결정주문 | | |

| | | |
|---|---|---|
| 신청인 | 성명 | 생년월일 |
| | 주소 | |
| | 피해자와의 관계<br>의 | 전화번호 |
| | 예금주 | 은행명 |
| | 계좌번호 | 청구금액 |

| | | |
|---|---|---|
| 피해자 | 성명 | 생년월일 |
| | 주소 | |

1. 신청인은 「국민보호 및 공공안전을 위한 테러방지법 시행령」 제42조제1항에 따라 피해지원금(신체피해에 대한 지원금[ ] 재산피해에 대한 지원금[ ]) 특별위로금[ ] 지급결정에 동의하고, 피해지원금(신체피해에 대한 지원금[ ] 재산피해에 대한 지원금[ ]) 특별위로금[ ]을 받고자 합니다.

2. 신청인은 피해지원금 및 특별위로금을 받은 경우에 그 사건에 관하여 같은 내용으로 법원에 제소하지 않는 등 어떠한 방법으로도 다시 청구하지 않겠다는 것을 서약합니다.

년 월 일

청구인 (서명 또는 인)

○○○(관계기관의 장) 귀하

| | | |
|---|---|---|
| 신청인 제출서류 | 신청인의 금융기관 거래통장 사본 1부 | 수수료 없음 |
| 담당공무원 확인사항 | 신청인의 인감증명서 1부(서명을 한 경우에는 본인서명사실 확인서 1부) | |

행정정보 공동이용 동의서

본인은 이 건 업무처리와 관련하여 담당 공무원이 「전자정부법」제36조에 따른 행정정보의 공동이용을 통하여 위의 담당 공무원 확인 사항을 확인하는 것에 동의합니다. *동의하지 않거나 기관의 사정으로 확인이 안 되는 경우에는 신청인이 직접 관련 서류를 제출하여야 합니다.

신청인 (서명 또는 인)

210mm×297mm[백상지(80g/㎡) 또는 중질지(80g/㎡)]

# 제3부 경비업법 개괄 및 구성

제1장 총칙
제2장 경비업의 허가 등
제3장 기계경비업무
제4장 경비지도사 및 경비원
제5장 행정처분 등
제6장 경비협회
제7장 보칙
제8장 벌칙
제9장 경비업법 연혁
제10장 기타사항

# 제3부 경비업법 개괄 및 구성

경비업법은 경비업의 육성 및 발전과 그 체계적 관리에 관하여 필요한 사항을 정함으로써 경비업의 건전한 운영에 이바지함을 목적으로 한다.

또한, 경비업법(2013.6.7. 법률 제 11872호)은 8장 31조로 구성되어 있으며, 경비업법 시행령(2014.6.3. 대통령령 제 25368호)은 35조, 경비업법 시행규칙(2014.6.8. 안전행정부령 제72호)은 29조로 구성되어 있다. 경비업법의 구성은 다음과 같다.

〈표 3부-1〉 경비업법의 구성

| 구 분 | 내 용 |
|---|---|
| 제1장 총칙<br>(제1조~제3조) | -경비업법의 목적 -정의 -법인 등 경비업법의 기본적인 내용을 규정함. |
| 제2장 경비업의 허가 등<br>(제4조~제7조) | -경비업의 허가 -허가의 제한 -임원의 결격사유 -허가의 유효기간 등 -경비업자의 의무 -경비업무 도급인등의 의무를 규정함. |
| 제3장 기계경비업무<br>(제8조~제9조) | -대응체제 -오경보의 방지 등을 규정함. |
| 제4장 경비지도사 및 경비원<br>(제10조~18조) | -경비지도사 및 경비원의 결격사유 -경비지도사의 시험 등 -경비지도사의 선임 등 -경비원의 교육 등 -특수경비원의 직무 및 무기사용 등 -특수경비원의 의무 -경비원등의 의무-경비원의 복장 등 -경비원의 장비 등 -출동차량 등<br>-결격사유 확인을 위한 범죄 경력조회 등 -경비원의 명부와 배치허가 등을 규정함. |
| 제5장 행정처분등<br>(제19조~21조) | -경비업 허가의 취소 등 -경비지도사자격의 취소 등 -청문을 규정함. |
| 제6장 경비협회<br>(제22조~23조) | -경비협회 -공제사업을 규정함. |
| 제7장 보칙<br>(제22조~27조) | -감독, 보안지도 · 점검 등 -손해배상 등 -위임 및 위탁 -수수료을 규정함. |
| 제8장 벌칙<br>(제28조~31조) | -벌칙 -형의가중처벌 -양벌규정 -과태료를 규정함. |

# 제1장 총칙[14)]

## 1. 목적(제1조)

이 법은 경비업의 육성 및 발전과 그 체계적 관리에 관하여 필요한 사항을 정함으로써 경비업의 건전한 운영에 이바지함을 목적으로 한다.

## 2. 정의(제2조)

이 법에서 사용하는 용어의 정의는 다음과 같다.

1. “경비업”이라 함은 다음 각목의 1에 해당하는 업무(이하 “경비업무”라 한다)의 전부 또는 일부를 도급받아 행하는 영업을 말한다.
   가. 시설경비업무 : 경비를 필요로 하는 시설 및 장소(이하 “경비대상시설”이라 한다)에서의 도난 · 화재 그 밖의 혼잡 등으로 인한 위험발생을 방지하는 업무
   나. 호송경비업무 : 운반 중에 있는 현금 · 유가증권 · 귀금속 · 상품 그 밖의 물건에 대하여 도난 · 화재 등 위험발생을 방지하는 업무
   다. 신변보호업무 : 사람의 생명이나 신체에 대한 위해의 발생을 방지하고 그 신변을 보호하는 업무
   라. 기계경비업무 : 경비대상시설에 설치한 기기에 의하여 감지 · 송신된 정보를 그 경비대상시설외의 장소에 설치한 관제시설의 기기로 수신하여 도난 · 화재 등 위험발생을 방지하는 업무
   마. 특수경비업무 : 공항(항공기를 포함한다) 등 대통령령이 정하는 국가중요시설(이하 “국가중요시설”이라 한다)의 경비 및 도난 · 화재 그 밖의 위험발생을 방지하는 업무
2. “경비지도사”라 함은 경비원을 지도 · 감독 및 교육하는 자를 말하며 일반경비지도사와 기계경비지도사로 구분한다.

14) 법제처(moleg.go.kr/main.html), 경비업법, 2020, 재구성

3. "경비원"이라 함은 제4조제1항의 규정에 의하여 경비업의 허가를 받은 법인(이하 "경비업자"라 한다)이 채용한 고용인으로서 다음 각목의 1에 해당하는 자를 말한다.
   가. 일반경비원 : 제1호 가목 내지 라목의 경비업무를 수행하는 자
   나. 특수경비원 : 제1호 마목의 경비업무를 수행하는 자
4. "무기"라 함은 인명 또는 신체에 위해를 가할 수 있도록 제작된 권총·소총 등을 말한다.
5. "집단민원현장"이란 다음 각 목의 장소를 말한다.
   가. 「노동조합 및 노동관계조정법」에 따라 노동관계 당사자가 노동쟁의 조정신청을 한 사업장 또는 쟁의행위가 발생한 사업장
   나. 「도시 및 주거환경정비법」에 따른 정비사업과 관련하여 이해대립이 있어 다툼이 있는 장소
   다. 특정 시설물의 설치와 관련하여 민원이 있는 장소
   라. 주주총회와 관련하여 이해대립이 있어 다툼이 있는 장소
   마. 건물·토지 등 부동산 및 동산에 대한 소유권·운영권·관리권·점유권 등 법적 권리에 대한 이해대립이 있어 다툼이 있는 장소
   바. 100명 이상의 사람이 모이는 국제·문화·예술·체육 행사장
   사. 「행정대집행법」에 따라 대집행을 하는 장소

## 2-1. 시행령

### 제2조(국가중요시설)

경비업법(이하 "법"이라 한다) 제2조제1호마목에서 "대통령령이 정하는 국가중요시설"이라 함은 공항·항만, 원자력발전소 등의 시설중 국가정보원장이 지정하는 국가보안목표시설과 「통합방위법」 제21조제4항의 규정에 의하여 국방부장관이 지정하는 국가중요시설을 말한다.

### 제6조(특수경비업자의 업무개시전의 조치)

① 법 제2조제1호마목의 규정에 의한 특수경비업무를 수행하는 경비업자(이하 "특수경비업자"라 한다)는 법 제4조제3항제5호의 규정에 의하여 첫 업무개시의 신고를 하기 전에 지방경찰청장의 비밀취급인가를 받아야 한다.

② 지방경찰청장은 제1항의 규정에 의하여 특수경비업자에게 비밀취급인가를 하고자 하는 때에는 법 제25조의 규정에 의하여 특수경비업자로 하여금 경찰청장을 거쳐 국가정보원장에게 보안측정을 요청하도록 하여야 한다.

제7조(기계경비업자의 대응체제)

법 제2조제1호라목의 규정에 의한 기계경비업무를 수행하는 경비업자(이하 “기계경비업자”라 한다)는 법 제8조의 규정에 의하여 관제시설 등에서 경보를 수신한 때에는 경보를 수신한 때부터 늦어도 25분 이내에는 도착시킬 수 있는 대응체제를 갖추어야 한다.

제30조(경비가 필요한 시설 등에 대한 경비의 요청)

지방경찰청장은 행사장 그밖에 많은 사람이 모이는 시설 또는 장소에서 혼잡 등으로 인한 위험의 발생을 방지하기 위하여 법 제2조제3호의 규정에 의한 경비원에 의한 경비가 필요하다고 인정되는 때에는 행사개최일 전에 당해 행사의 주최자에게 경비원에 의한 경비를 실시하거나 부득이한 사유로 그것을 실시할 수 없는 경우에는 행사개최 24시간 전까지 지방경찰청장에게 그 사실을 통지하여 줄 것을 요청할 수 있다.

## 3. 법인(제3조)

경비업은 법인이 아니면 이를 영위할 수 없다.

# 제2장 경비업의 허가 등[15)]

## 4. 경비업의 허가(제4조)

① 경비업을 영위하고자 하는 법인은 도급받아 행하고자 하는 경비업무를 특정하여 그

15) 법제처(moleg.go.kr/main.html), 경비업법, 2020, 재구성

법인의 주사무소의 소재지를 관할하는 지방경찰청장의 허가를 받아야 한다. 도급받아 행하고자 하는 경비업무를 변경하는 경우에도 또한 같다.

② 제1항에 따른 허가를 받고자 하는 법인은 다음 각 호의 요건을 갖추어야 한다.

1. 대통령령으로 정하는 1억원 이상의 자본금의 보유
2. 다음 각 목의 경비인력 요건
   가. 시설경비업무: 경비원 20명 이상 및 경비지도사 1명 이상
   나. 시설경비업무 외의 경비업무: 대통령령으로 정하는 경비 인력
3. 제2호의 경비인력을 교육할 수 있는 교육장을 포함하여 대통령령으로 정하는 시설과 장비의 보유
4. 그 밖에 경비업무 수행을 위하여 대통령령으로 정하는 사항

③ 제1항의 규정에 의하여 경비업의 허가를 받은 법인은 다음 각호의 1에 해당하는 때에는 지방경찰청장에게 신고하여야 한다.

1. 영업을 폐업하거나 휴업한 때
2. 법인의 명칭이나 대표자·임원을 변경한 때
3. 법인의 주사무소나 출장소를 신설·이전 또는 폐지한 때
4. 기계경비업무의 수행을 위한 관제시설을 신설·이전 또는 폐지한 때
5. 특수경비업무를 개시하거나 종료한 때
6. 그 밖에 대통령령이 정하는 중요사항을 변경한 때

④ 제1항 및 제3항의 규정에 의한 허가 또는 신고의 절차, 신고의 기한 등 허가 및 신고에 관하여 필요한 사항은 대통령령으로 정한다.

## 4-1. 시행령

제3조(허가신청 등)

① 법 제4조제1항에 따라 경비업의 허가를 받으려는 경우에는 허가신청서에, 경비업의 허가를 받은 법인(이하 "경비업자"라 한다)이 허가를 받은 경비업무를 변경하거나 새로운 경비업무를 추가하려는 경우에는 변경허가신청서에 행정안전부령으로 정하는 서류를 첨부하여 법인의 주사무소를 관할하는 지방경찰청장 또는 해당 지방경찰청 소속의 경찰서장에게 제출하여야 한다. 이 경우 신청서를 제출받은 경찰서장은 지체 없이 관할 지방경찰청장에게 보내야 한다.

② 제1항의 규정에 의하여 허가 또는 변경허가 신청서를 제출하는 법인은 별표 1의 규정에 의한 경비인력·자본금·시설 및 장비를 갖추어야 한다. 다만, 경비업의 허가 또는 변경허가를 신청하는 때에 별표 1의 규정에 의한 시설 등(자본금을 제외한다. 이하 이 항에서 같다)을 갖출 수 없는 경우에는 허가 또는 변경허가의 신청시 시설 등의 확보계획서를 제출한 후 허가 또는 변경허가를 받은 날부터 1월 이내에 별표 1의 규정에 의한 시설 등을 갖추고 지방경찰청장의 확인을 받아야 한다.

제5조(폐업 또는 휴업 등의 신고)

① 경비업자는 폐업을 한 경우에는 법 제4조제3항제1호에 따라 폐업을 한 날부터 7일 이내에 폐업신고서에 허가증을 첨부하여 법인의 주사무소를 관할하는 지방경찰청장 또는 해당 지방경찰청 소속의 경찰서장에게 제출하여야 한다. 이 경우 폐업신고서를 제출받은 경찰서장은 지체 없이 관할 지방경찰청장에게 보내야 한다.

② 경비업자는 휴업을 한 경우에는 법 제4조제3항제1호에 따라 휴업한 날부터 7일 이내에 휴업신고서를 법인의 주사무소를 관할하는 지방경찰청장 또는 해당 지방경찰청 소속의 경찰서장에게 제출하여야 하고, 휴업신고서를 제출받은 경찰서장은 지체 없이 관할 지방경찰청장에게 보내야 한다. 이 경우 휴업신고를 한 경비업자가 신고한 휴업기간이 끝나기 전에 영업을 다시 시작하거나 신고한 휴업기간을 연장하려는 경우에는 영업을 다시 시작한 후 7일 이내에 또는 신고한 휴업기간이 끝난 후 7일 이내에 영업재개신고서 또는 휴업기간연장신고서를 제출하여야 한다.

③ 법 제4조제3항제3호의 규정에 의하여 신설·이전 또는 폐지한 때에 신고를 하여야 하는 출장소는 주사무소 외의 장소로서 일상적으로 일정 지역안의 경비업무를 지휘·총괄하는 영업거점인 지점·지사 또는 사업소 등의 장소로 한다.

④ 법 제4조제3항제6호에서 "그밖에 대통령령이 정하는 중요사항"이라 함은 정관의 목적을 말한다.

⑤ 법 제4조제3항제2호부터 제6호까지의 규정에 따른 신고는 그 사유가 발생한 날부터 30일 이내에 하여야 한다.

제6조(특수경비업자의 업무개시전의 조치) ① 법 제2조제1호마목의 규정에 의한 특수경비업무를 수행하는 경비업자(이하 "특수경비업자"라 한다)는 법 제4조제3항제5호의 규정에 의하여 첫 업무개시의 신고를 하기 전에 지방경찰청장의 비밀취급인가를 받아야 한다.

② 지방경찰청장은 제1항의 규정에 의하여 특수경비업자에게 비밀취급인가를 하고자 하는 때에는 법 제25조의 규정에 의하여 특수경비업자로 하여금 경찰청장을 거쳐 국가정보원장에게 보안측정을 요청하도록 하여야 한다.

## 4-2. 시행규칙

제2조(호송경비의 통지)

경비업법(이하 "법"이라 한다) 제4조제1항의 규정에 의하여 경비업의 허가를 받은 법인(이하 "경비업자"라 한다)은 법 제2조제1호 나목의 규정에 의한 호송경비업무를 수행하기 위하여 관할경찰서의 협조를 얻고자 하는 때에는 현금 등의 운반을 위한 출발 전일까지 출발지의 경찰서장에게 별지 제1호서식의 호송경비통지서(전자문서로 된 통지서를 포함한다)를 제출하여야 한다.

제3조(허가신청 등)

① 법 제4조제1항 및 「경비업법 시행령」(이하 "영"이라 한다) 제3조제1항에 따라 경비업의 허가를 받으려는 경우 또는 경비업자가 허가를 받은 경비업무를 변경하거나 새로운 경비업무를 추가하려는 경우에는 별지 제2호서식의 경비업 허가신청서 또는 변경허가신청서(전자문서로 된 신청서를 포함한다)에 다음 각 호의 서류(전자문서를 포함한다)를 첨부하여 법인의 주사무소를 관할하는 지방경찰청장 또는 해당 지방경찰청 소속의 경찰서장에게 제출하여야 한다. 이 경우 신청서를 제출받은 경찰서장은 지체 없이 관할 지방경찰청장에게 보내야 한다.

1. 법인의 정관 1부
2. 법인 임원의 이력서 1부
3. 경비인력 · 시설 및 장비의 확보계획서 1부(경비업 허가의 신청시 이를 갖출 수 없는 경우에 한한다)

② 제1항에 따른 신청서를 제출받은 지방경찰청장은 「전자정부법」 제36조제1항에 따른 행정정보의 공동이용을 통하여 법인의 등기사항증명서를 확인하여야 한다.

제5조(폐업 또는 휴업 등의 신고)

① 영 제5조제1항의 규정에 의한 폐업신고서와 동조제2항의 규정에 의한 휴업신고서 ·

영업재개신고서 및 휴업기간연장신고서는 별지 제5호서식에 의한다.

② 법 제4조제3항제2호에 따른 법인의 명칭 · 대표자 · 임원, 같은 항 제3호에 따른 주사무소 · 출장소나 영 제5조제4항에 따른 정관의 목적이 변경되어 법 제4조제3항에 따른 신고를 하는 경우에는 별지 제6호서식의 경비업 허가사항 등의 변경신고서(전자문서로 된 신고서를 포함한다)에 다음 각 호의 서류(전자문서를 포함한다)를 첨부하여 법인의 주사무소를 관할하는 지방경찰청장 또는 해당 지방경찰청 소속의 경찰서장에게 제출하여야 한다. 변경신고서를 제출받은 경찰서장은 이를 지체 없이 관할지방경찰청장에게 보내야 한다.

1. 명칭 변경의 경우 : 허가증 원본
2. 대표자 변경의 경우
   가. 삭제 〈2006. 9. 7.〉
   나. 법인 대표자의 이력서 1부
   다. 허가증 원본
3. 임원 변경의 경우 : 법인 임원의 이력서 1부
4. 주사무소 또는 출장소 변경의 경우 : 허가증 원본
5. 정관의 목적 변경의 경우 : 법인의 정관 1부

③ 제2항에 따른 신고서를 제출받은 지방경찰청장은 「전자정부법」 제36조제1항에 따른 행정정보의 공동이용을 통하여 법인의 등기사항증명서를 확인하여야 한다.

④ 법 제4조제3항제5호의 규정에 의한 특수경비업무의 개시 또는 종료의 신고는 별지 제7호서식에 의한다.

## 4조2. 허가의 제한(제4조의2)

① 누구든지 제4조제1항에 따른 허가를 받은 경비업체와 동일한 명칭으로 경비업 허가를 받을 수 없다.

② 제19조제1항제2호 및 제7호의 사유로 경비업체의 허가가 취소된 경우 허가가 취소된 날부터 10년이 지나지 아니한 때에는 누구든지 허가가 취소된 경비업체와 동일한 명칭으로 제4조제1항에 따른 허가를 받을 수 없다.

③ 제19조제1항제2호 및 제7호의 사유로 허가가 취소된 법인은 법인명 또는 임원의 변경에도 불구하고 허가가 취소된 날부터 5년이 지나지 아니한 때에는 제4조제1항에 따른 허가를 받을 수 없다.

## 5. 임원의 결격사유(제5조)

다음 각호의 1에 해당하는 자는 경비업을 영위하는 법인(제4호에 해당하는 자의 경우에는 특수경비업무를 수행하는 법인을 말하고, 제5호에 해당하는 자의 경우에는 허가취소사유에 해당하는 경비업무와 동종의 경비업무를 수행하는 법인을 말한다)의 임원이 될 수 없다.

1. 피성년후견인 또는 피한정후견인
2. 파산선고를 받고 복권되지 아니한 자
3. 금고 이상의 형의 선고를 받고 그 형이 실효되지 아니한 자
4. 이 법 또는 「대통령 등의 경호에 관한 법률」에 위반하여 벌금형의 선고를 받고 3년이 지나지 아니한 자
5. 이 법(제19조제1항제2호 및 제7호는 제외한다) 또는 이 법에 의한 명령에 위반하여 허가가 취소된 법인의 허가취소 당시의 임원이었던 자로서 그 취소 후 3년이 지나지 아니한 자
6. 제19조제1항제2호 및 제7호의 사유로 허가가 취소된 법인의 허가취소 당시의 임원이었던 자로서 허가가 취소된 날부터 5년이 지나지 아니한 자

### 5-1. 시행령

제4조(허가절차 등)

① 지방경찰청장은 제3조제1항의 규정에 의하여 허가 또는 변경허가의 신청을 받은 때에는 경비업을 영위하고자 하는 법인의 임원중 법 제5조의 규정에 의한 결격사유에 해당하는 자가 있는지의 유무, 경비인력 · 시설 및 장비의 확보 또는 확보가능성의 여부, 자본금과 대표자 · 임원의 경력 및 신용 등을 검토하여 허가여부를 결정하여야 한다.

② 지방경찰청장은 제1항에 따른 검토를 한 후 경비업을 허가하거나 변경허가를 한 경우에는 해당 법인의 주사무소를 관할하는 경찰서장을 거쳐 신청인에게 허가증을 발급하

여야 한다.

③ 경비업자는 경비업 허가증을 잃어버리거나 경비업 허가증이 못쓰게 된 경우에는 허가증 재교부신청서에 다음 각 호의 구분에 따른 서류를 첨부하여 법인의 주사무소를 관할하는 지방경찰청장 또는 해당 지방경찰청 소속의 경찰서장에게 재발급을 신청하여야 하고, 신청서를 제출받은 경찰서장은 지체 없이 관할 지방경찰청장에게 보내야 한다.

1. 허가증을 잃어버린 경우에는 그 사유서
2. 허가증이 못쓰게 된 경우에는 그 허가증

## 6. 허가의 유효기간 등(제6조)

① 제4조제1항의 규정에 의한 경비업 허가의 유효기간은 허가받은 날부터 5년으로 한다.

② 제1항의 규정에 의한 유효기간이 만료된 후 계속하여 경비업을 하고자 하는 법인은 행정안전부령으로 정하는 바에 따라 갱신허가를 받아야 한다.

### 6-1. 시행규칙

제6조(허가갱신)

① 법 제6조제2항에 따라 경비업의 갱신허가를 받으려는 자는 허가의 유효기간 만료일 30일 전까지 별지 제2호서식의 경비업 갱신허가신청서(전자문서로 된 신청서를 포함한다)에 허가증 원본 및 정관(변경사항이 있는 경우만 해당한다)을 첨부하여 법인의 주사무소를 관할하는 지방경찰청장 또는 해당 지방경찰청 소속의 경찰서장에게 제출하여야 한다. 경비업 갱신허가신청서를 제출받은 경찰서장은 이를 지체 없이 관할지방경찰청장에게 보내야 한다.

② 제1항에 따른 신청서를 제출받은 지방경찰청장은 「전자정부법」 제36조제1항에 따른 행정정보의 공동이용을 통하여 법인의 등기사항증명서를 확인하여야 한다.

③ 지방경찰청장은 법 제6조제2항의 규정에 의하여 갱신허가를 하는 때에는 유효기간이 만료되는 허가증을 회수한 후 별지 제3호서식의 허가증을 교부하여야 한다.

## 7. 경비업자의 의무(제7조)

① 경비업자는 경비대상시설의 소유자 또는 관리자(이하 "시설주"라 한다)의 관리권의 범위안에서 경비업무를 수행하여야 하며, 다른 사람의 자유와 권리를 침해하거나 그의 정당한 활동에 간섭하여서는 아니된다.
② 경비업자는 경비업무를 성실하게 수행하여야 하고, 도급을 의뢰받은 경비업무가 위법 또는 부당한 것일 때에는 이를 거부하여야 한다.
③ 경비업자는 불공정한 계약으로 경비원의 권익을 침해하거나 경비업의 건전한 육성과 발전을 해치는 행위를 하여서는 아니된다.
④ 경비업자의 임·직원이거나 임·직원이었던 자는 다른 법률에 특별한 규정이 있는 경우를 제외하고는 그 직무상 알게 된 비밀을 누설하거나 다른 사람에게 제공하여 이용하도록 하는 등 부당한 목적을 위하여 사용하여서는 아니된다.
⑤ 경비업자는 허가받은 경비업무외의 업무에 경비원을 종사하게 하여서는 아니된다.
⑥ 경비업자는 집단민원현장에 경비원을 배치하는 때에는 경비지도사를 선임하고 그 장소에 배치하여 행정안전부령으로 정하는 바에 따라 경비원을 지도·감독하게 하여야 한다.
⑦ 특수경비업무를 수행하는 경비업자(이하 "특수경비업자"라 한다)는 제4조제3항제5호의 규정에 의한 특수경비업무의 개시신고를 하는 때에는 국가중요시설에 대한 특수경비업무의 수행이 중단되는 경우 시설주의 동의를 얻어 다른 특수경비업자중에서 경비업무를 대행할 자(이하 "경비대행업자"라 한다)를 지정하여 허가관청에 신고하여야 한다. 경비대행업자의 지정을 변경하는 경우에도 또한 같다.
⑧ 특수경비업자는 국가중요시설에 대한 특수경비업무를 중단하게 되는 경우에는 미리 이를 제7항의 규정에 의한 경비대행업자에게 통보하여야 하며, 경비대행업자는 통보받은 즉시 그 경비업무를 인수하여야 한다. 이 경우 제7항의 규정은 경비대행업자에 대하여 이를 준용한다.
⑨ 특수경비업자는 이 법에 의한 경비업과 경비장비의 제조·설비·판매업, 네트워크를 활용한 정보산업, 시설물 유지관리업 및 경비원 교육업 등 대통령령이 정하는 경비관련업외의 영업을 하여서는 아니된다.
[2002. 12. 18. 법률 제6787호에 의하여 2002. 4. 25. 헌법재판소에서 위헌 결정된 이조를 개정함.]

### 7-1. 시행령

제7조의2(특수경비업자가 할 수 있는 영업)

① 법 제7조제9항에서 "경비장비의 제조 · 설비 · 판매업, 네트워크를 활용한 정보산업, 시설물 유지관리업 및 경비원 교육업 등 대통령령이 정하는 경비관련업"이란 다음 각 호의 영업을 말한다.

1. 별표 1의2에 따른 영업
2. 제1호에 따른 영업에 부수되는 것으로서 경찰청장이 지정 · 고시하는 영업

② 제1항에 따른 영업의 범위에 관하여는 법 또는 이 영에 특별한 규정이 있는 경우를 제외하고는 「통계법」에 따라 통계청장이 고시하는 한국표준산업분류표에 따른다.

### 7-2. 시행규칙

제6조의2(집단민원현장에 선임 · 배치된 경비지도사의 직무)

법 제7조제6항에 따라 경비업자는 집단민원현장에 선임 · 배치된 경비지도사로 하여금 다음 각 호의 직무를 수행하도록 하여야 한다.

1. 법 제15조의2에 따른 경비원 등의 의무 위반행위 예방 및 제지
2. 법 제16조에 따른 경비원의 복장 착용 등에 대한 지도 · 감독
3. 법 제16조의2에 따른 경비원의 장비 휴대 및 사용에 대한 지도 · 감독
4. 법 제18조제1항 단서에 따라 집단민원현장에 비치된 경비원 명부의 관리

## 7조2. 경비업무 도급인 등의 의무(제7조의2)

① 누구든지 제4조제1항에 따른 허가를 받지 아니한 자에게 경비업무를 도급하여서는 아니 된다.

② 누구든지 집단민원현장에 경비인력을 20명 이상 배치하려고 할 때에는 그 경비인력을 직접 고용하여서는 아니 되고, 경비업자에게 경비업무를 도급하여야 한다. 다만, 시설주 등이 집단민원현장 발생 3개월 전까지 직접 고용하여 경비업무를 수행하는 피고용인의 경우에는 그러하지 아니하다.

③ 제1항 및 제2항에 따라 경비업무를 도급하는 자는 그 경비업무를 수급한 경비업자의 경비원 채용 시 무자격자나 부적격자 등을 채용하도록 관여하거나 영향력을 행사해서는 아니 된다.

④ 제3항에 따른 무자격자 및 부적격자의 구체적인 범위 등은 대통령령으로 정한다.

## 7조2-1. 시행령

제7조의3(무자격자 및 부적격자 등의 범위)

다음 각 호의 경비업무를 도급하려는 자는 법 제7조의2제3항에 따라 다음 각 호의 구분에 해당하는 사람을 그 경비업무를 수급한 경비업자의 경비원으로 채용하도록 관여하거나 영향력을 행사해서는 아니된다.

1. 시설경비업무, 신변보호업무(집단민원현장의 시설경비업무 또는 신변보호업무는 제외한다), 호송경비업무 또는 기계경비업무
   가. 법 제10조제1항에 따라 경비지도사 또는 일반경비원이 될 수 없는 사람
   나. 「아동 · 청소년의 성보호에 관한 법률」 제56조제1항제14호에 따라 경비업무에 종사할 수 없는 사람
2. 특수경비업무
   가. 법 제10조제2항에 따라 특수경비원이 될 수 없는 사람
   나. 「아동 · 청소년의 성보호에 관한 법률」 제56조제1항제14호에 따라 경비업무에 종사할 수 없는 사람
3. 집단민원현장의 시설경비업무 또는 신변보호업무
   가. 법 제10조제1항에 따라 경비지도사 또는 일반경비원이 될 수 없는 사람
   나. 법 제18조제6항에 따라 집단민원현장에 일반경비원으로 배치할 수 없는 사람
   다. 「아동 · 청소년의 성보호에 관한 법률」 제56조제1항제14호에 따라 경비업무에 종사할 수 없는 사람

# 제3장 기계경비업무[16]

## 8. 대응체제(제8조)

기계경비업무를 수행하는 경비업자(이하 "기계경비업자"라 한다)는 경비대상시설에 관한 경보를 수신한 때에는 신속하게 그 사실을 확인하는 등 필요한 대응조치를 취하여야 하며, 이를 위한 대응체제를 갖추어야 한다.

### 8-1. 시행령

제7조(기계경비업자의 대응체제)

법 제2조제1호라목의 규정에 의한 기계경비업무를 수행하는 경비업자(이하 "기계경비업자"라 한다)는 법 제8조의 규정에 의하여 관제시설 등에서 경보를 수신한 때에는 경보를 수신한 때부터 늦어도 25분 이내에는 도착시킬 수 있는 대응체제를 갖추어야 한다.

## 9. 오경보의 방지 등(제9조)

① 기계경비업자는 경비계약을 체결하는 때에는 오경보를 막기 위하여 계약상대방에게 기기사용요령 및 기계경비운영체계 등에 관하여 설명하여야 하며, 각종 기기가 오작동되지 아니하도록 관리하여야 한다.

② 기계경비업자는 대응조치 등 업무의 원활한 운영과 개선을 위하여 대통령령이 정하는 바에 따라 관련 서류를 작성 · 비치하여야 한다.

### 9-1. 시행령

제8조(오경보의 방지를 위한 설명 등)

① 법 제9조제1항의 규정에 의하여 기계경비업자가 계약상대방에게 하여야 하는 설명은

16) 법제처(moleg.go.kr/main.html), 경비업법, 2020, 재구성

다음 각호의 사항을 기재한 서면 또는 전자문서(이하 "서면 등"이라 하며, 이 조에서 전자문서는 계약상대방이 원하는 경우에 한한다)를 교부하는 방법에 의한다.

1. 당해 기계경비업무와 관련된 관제시설 및 출장소(제5조제3항의 규정에 의한 출장소를 말한다. 이하 같다)의 명칭 · 소재지
2. 기계경비업자가 경비대상시설에서 발생한 경보를 수신한 경우에 취하는 조치
3. 기계경비업무용 기기의 설치장소 및 종류와 그 밖의 기계장치의 개요
4. 오경보의 발생원인과 송신기기의 유지 · 관리방법

② 기계경비업자는 제1항 각호의 사항을 기재한 서면등과 함께 법 제26조의 규정에 의한 손해배상의 범위와 손해배상액에 관한 사항을 기재한 서면등을 계약상대방에게 교부하여야 한다.

제9조(기계경비업자의 관리 서류)

① 기계경비업자는 법 제9조제2항의 규정에 의하여 출장소별로 다음 각호의 사항을 기재한 서류를 갖추어 두어야 한다.

1. 경비대상시설의 명칭 · 소재지 및 경비계약기간
2. 기계경비지도사의 명단 · 배치일자 · 배치장소와 출동차량의 대수
3. 경보의 수신 및 현장도착 일시와 조치의 결과
4. 오경보인 경우 오경보가 발생한 경비대상시설 및 그 오경보에 대한 조치의 결과

② 제1항 제3호 및 제4호의 규정에 의한 사항을 기재한 서류는 당해 경보를 수신한 날부터 1년간 이를 보관하여야 한다.

# 제4장 경비지도사 및 경비원[17]

## 10. 경비지도사 및 경비원의 결격사유(제10조)

① 다음 각호의 1에 해당하는 자는 경비지도사 또는 일반경비원이 될 수 없다.

17) 법제처(moleg.go.kr/main.html), 경비업법, 2020, 재구성

1. 만 18세 미만인 자, 피성년후견인, 피한정후견인
2. 파산선고를 받고 복권되지 아니한 자
3. 금고 이상의 실형의 선고를 받고 그 집행이 종료(집행이 종료된 것으로 보는 경우를 포함한다)되거나 집행이 면제된 날부터 5년이 지나지 아니한 자
4. 금고 이상의 형의 집행유예선고를 받고 그 유예기간중에 있는 자
5. 다음 각 목의 어느 하나에 해당하는 죄를 범하여 벌금형을 선고받은 날부터 10년이 지나지 아니하거나 금고 이상의 형을 선고받고 그 집행이 종료된(종료된 것으로 보는 경우를 포함한다) 날 또는 집행이 유예 · 면제된 날부터 10년이 지나지 아니한 자
   가. 「형법」 제114조의 죄
   나. 「폭력행위 등 처벌에 관한 법률」 제4조의 죄
   다. 「형법」 제297조, 제297조의2, 제298조부터 제301조까지, 제301조의2, 제302조, 제303조, 제305조, 제305조의2의 죄
   라. 「성폭력범죄의 처벌 등에 관한 특례법」 제3조부터 제11조까지 및 제15조(제3조부터 제9조까지의 미수범만 해당한다)의 죄
   마. 「아동 · 청소년의 성보호에 관한 법률」 제7조 및 제8조의 죄
   바. 다목부터 마목까지의 죄로서 다른 법률에 따라 가중처벌되는 죄
6. 다음 각 목의 어느 하나에 해당하는 죄를 범하여 벌금형을 선고받은 날부터 5년이 지나지 아니하거나 금고 이상의 형을 선고받고 그 집행이 유예된 날부터 5년이 지나지 아니한 자
   가. 「형법」 제329조부터 제331조까지, 제331조의2 및 제332조부터 제343조까지의 죄
   나. 가목의 죄로서 다른 법률에 따라 가중처벌되는 죄
   다. 삭제 〈2014. 12. 30.〉
   라. 삭제 〈2014. 12. 30.〉
7. 제5호 다목부터 바목까지의 어느 하나에 해당하는 죄를 범하여 치료감호를 선고받고 그 집행이 종료된 날 또는 집행이 면제된 날부터 10년이 지나지 아니한 자 또는 제6호 각 목의 어느 하나에 해당하는 죄를 범하여 치료감호를 선고받고 그 집행이 면제된 날부터 5년이 지나지 아니한 자
8. 이 법이나 이 법에 따른 명령을 위반하여 벌금형을 선고받은 날부터 5년이 지나지 아니하거나 금고 이상의 형을 선고받고 그 집행이 유예된 날부터 5년이 지나지 아니한 자

② 다음 각 호의 어느 하나에 해당하는 자는 특수경비원이 될 수 없다.

1. 만 18세 미만 또는 만 60세 이상인 자, 피성년후견인, 피한정후견인
2. 제1항제2호부터 제8호까지의 어느 하나에 해당하는 자
3. 금고 이상의 형의 선고유예를 받고 그 유예기간중에 있는 자
4. 행정안전부령으로 정하는 신체조건에 미달되는 자

③ 경비업자는 제1항 각호 또는 제2항 각호의 결격사유에 해당하는 자를 경비지도사 또는 경비원으로 채용 또는 근무하게 하여서는 아니된다.

### 10-1. 시행령

제10조(경비지도사의 구분)

법 제10조 내지 제12조의 규정에 의한 경비지도사는 다음 각호와 같이 구분한다.

1. 일반경비지도사 : 다음 각목의 경비업무에 종사하는 경비원을 지도·감독 및 교육하는 경비지도사
   가. 시설경비업무
   나. 호송경비업무
   다. 신변보호업무
   라. 특수경비업무
2. 기계경비지도사 : 기계경비업무에 종사하는 경비원을 지도·감독 및 교육하는 경비지도사

### 10-2. 시행규칙

제7조(특수경비원의 신체조건)

법 제10조제2항제4호에서 “행정안전부령이 정하는 신체조건”이라 함은 팔과 다리가 완전하고 두 눈의 맨눈시력 각각 0.2 이상 또는 교정시력 각각 0.8 이상을 말한다.

## 11. 경비지도사의 시험 등(제11조)

① 경비지도사는 제10조제1항 각호의 1에 해당하지 아니하는 자로서 경찰청장이 시행하는 경비지도사시험에 합격하고 행정안전부령으로 정하는 교육을 받은 자이어야 한다.

② 경찰청장은 제1항의 규정에 의한 교육을 받은 자에게 행정안전부령으로 정하는 바에 따라 경비지도사자격증을 교부하여야 한다.

③ 경비지도사시험은 매년 1회 이상 시행하며, 시험과목, 시험공고, 시험의 일부가 면제되는 자의 범위 그 밖에 경비지도사시험에 관하여 필요한 사항은 대통령령으로 정한다.

## 11-1. 시행령

제13조(시험의 일부면제)

법 제11조제3항에 따라 다음 각 호의 어느 하나에 해당하는 사람은 경비지도사 제1차 시험을 면제한다.

1. 「경찰공무원법」에 따른 경찰공무원으로 7년 이상 재직한 사람
2. 「대통령 등의 경호에 관한 법률」에 따른 경호공무원 또는 별정직공무원으로 7년 이상 재직한 사람
3. 「군인사법」에 따른 각 군 전투병과 또는 군사경찰병과 부사관 이상 간부로 7년 이상 재직한 사람
4. 「경비업법」에 따른 경비업무에 7년 이상(특수경비업무의 경우에는 3년 이상) 종사하고 행정안전부령으로 정하는 교육과정을 이수한 사람
5. 「고등교육법」에 따른 대학 이상의 학교를 졸업한 사람으로서 재학 중 제12조제3항에 따른 경비지도사 시험과목을 3과목 이상을 이수하고 졸업한 후 경비업무에 종사한 경력이 3년 이상인 사람
6. 「고등교육법」에 따른 전문대학을 졸업한 사람으로서 재학 중 제12조제3항에 따른 경비지도사 시험과목을 3과목 이상을 이수하고 졸업한 후 경비업무에 종사한 경력이 5년 이상인 사람
7. 일반경비지도사의 자격을 취득한 후 기계경비지도사의 시험에 응시하는 사람 또는 기계경비지도사의 자격을 취득한 후 일반경비지도사의 시험에 응시하는 사람
8. 「공무원임용령」에 따른 행정직군 교정직렬 공무원으로 7년 이상 재직한 사람

제31조(권한의 위임 및 위탁)

① 경찰청장은 법 제27조제1항의 규정에 의하여 다음 각호의 권한을 지방경찰청장에게 위임한다.

1. 법 제20조의 규정에 의한 경비지도사의 자격의 취소 및 정지에 관한 권한
2. 법 제21조제2호의 규정에 의한 경비지도사 자격의 취소 및 정지에 관한 청문의 권한

② 경찰청장 또는 경찰관서장은 법 제27조제2항의 규정에 의하여 법 제11조제1항의 규정에 의한 경비지도사시험의 관리와 경비지도사의 교육에 관한 업무를 경비업무에 관한 인력과 전문성을 갖춘 기관으로서 경찰청장이 지정하여 고시하는 기관 또는 단체에 위탁한다.

## 11-2. 시행규칙

제8조(응시원서 등)

① 법 제11조의 규정에 의한 경비지도사시험에 응시하고자 하는 자는 별지 제8호서식의 응시원서(전자문서로 된 원서를 포함한다)를 영 제31조제2항에 따라 경비지도사시험의 관리를 위탁받은 기관 또는 단체(이하 이 조에서 "시험관리기관"이라 한다)에 제출해야 한다.

② 영 제13조에 따라 경비지도사 제1차 시험을 면제받으려는 사람은 같은 조 각 호의 면제 사유를 증명할 수 있는 서류로서 영 제11조제2항에 따른 공고에서 정하는 서류를 시험관리기관에 제출해야 한다.

③ 시험관리기관은 제2항에 따른 서류 중 재직증명서 또는 경력증명서를 제출받은 경우에는 「전자정부법」 제36조제1항에 따른 행정정보의 공동이용을 통하여 제출인의 국민연금가입자가입증명 또는 건강보험자격득실확인서를 확인해야 한다. 다만, 제출인이 확인에 동의하지 않는 경우에는 해당 서류를 제출하도록 해야 한다.

제9조(경비지도사에 대한 교육)

① 법 제11조제1항에서 "행정안전부령이 정하는 교육"이라 함은 경비지도사에 대한 별표 1의 규정에 의한 과목 및 시간의 교육을 말한다.

② 제1항의 규정에 의한 교육에 소요되는 비용은 경비지도사의 교육을 받는 자의 부담으로 한다.

## 12. 경비지도사의 선임 등(제12조)

① 경비업자는 대통령령이 정하는 바에 따라 경비지도사를 선임하여야 한다.
② 제1항의 규정에 의하여 선임된 경비지도사의 직무는 다음과 같다.
1. 경비원의 지도·감독·교육에 관한 계획의 수립·실시 및 그 기록의 유지
2. 경비현장에 배치된 경비원에 대한 순회점검 및 감독
3. 경찰기관 및 소방기관과의 연락방법에 대한 지도
4. 집단민원현장에 배치된 경비원에 대한 지도·감독
5. 그 밖에 대통령령이 정하는 직무
③ 선임된 경비지도사는 제2항 각호의 규정에 의한 직무를 대통령령이 정하는 바에 따라 성실하게 수행하여야 한다.

### 12-1. 시행령

제16조(경비지도사의 선임 · 배치)
① 경비업자는 법 제12조제1항의 규정에 의하여 별표 3의 기준에 따라 경비지도사를 선임·배치하여야 한다.
② 경비업자는 제1항의 규정에 의하여 선임·배치된 경비지도사에 결원이 있거나 자격정지 등의 사유로 그 직무를 수행할 수 없는 때에는 15일 이내에 경비지도사를 새로이 충원하여야 한다.

제17조(경비지도사의 직무 및 준수사항)
① 법 제12조제2항제5호에서 "대통령령이 정하는 직무"란 다음 각 호의 직무를 말한다.
1. 기계경비업무를 위한 기계장치의 운용·감독(기계경비지도사의 경우에 한한다)
2. 오경보방지 등을 위한 기기관리의 감독(기계경비지도사의 경우에 한한다)
② 경비지도사는 법 제12조제3항에 따라 같은 조 제2항제1호·제2호의 직무 및 제1항 각 호의 직무를 월 1회 이상 수행하여야 한다.
③ 경비지도사는 법 제12조제2항제1호에 따라 경비원에 대한 교육을 실시하고, 행정안전부령으로 정하는 경비원 직무교육 실시대장에 그 내용을 기록하여 2년간 보존하여야 한다.

제18조(일반경비원에 대한 교육)

① 경비업자는 일반경비원을 채용한 경우 법 제13조제1항 본문에 따라 해당 일반경비원에게 경비업자의 부담으로 다음 각 호의 기관 또는 단체에서 실시하는 일반경비원 신임교육을 받도록 하여야 한다.

1. 법 제22조제1항에 따른 경비협회
2. 「경찰공무원 교육훈련규정」 제2조제3호에 따른 경찰교육기관
3. 경비업무 관련 학과가 개설된 대학 등 경비원에 대한 교육을 전문적으로 수행할 수 있는 인력과 시설을 갖춘 기관 또는 단체 중 경찰청장이 지정하여 고시하는 기관 또는 단체

② 경비업자는 법 제13조제1항 단서에 따라 다음 각 호의 어느 하나에 해당하는 사람을 일반경비원으로 채용한 경우에는 해당 일반경비원을 일반경비원 신임교육 대상에서 제외할 수 있다.

1. 법 제13조제1항 본문 및 같은 조 제3항에 따른 일반경비원 또는 특수경비원 신임교육을 받은 사람으로서 채용 전 3년 이내에 경비업무에 종사한 경력이 있는 사람
2. 「경찰공무원법」에 따른 경찰공무원으로 근무한 경력이 있는 사람
3. 「대통령 등의 경호에 관한 법률」에 따른 경호공무원 또는 별정직공무원으로 근무한 경력이 있는 사람
4. 「군인사법」에 따른 부사관 이상으로 근무한 경력이 있는 사람
5. 경비지도사 자격이 있는 사람
6. 채용 당시 법 제13조제2항에 따른 일반경비원 신임교육을 받은 지 3년이 지나지 아니한 사람

③ 경비업자는 법 제13조제1항에 따라 소속 일반경비원에게 법 제12조에 따라 선임한 경비지도사가 수립한 교육계획에 따라 매월 행정안전부령으로 정하는 시간 이상의 직무교육을 받도록 하여야 한다.

④ 법 제13조제2항에서 "대통령령으로 정하는 교육기관"이란 제18조제1항 각 호의 기관 또는 단체를 말한다. 〈신설 2016. 6. 28.〉

⑤ 제1항에 따른 신임교육의 과목 및 시간, 제3항에 따른 직무교육의 과목 등 일반경비원의 교육 실시에 필요한 사항은 행정안전부령으로 정한다.

제19조(특수경비원에 대한 교육)

① 특수경비업자는 특수경비원을 채용한 경우 법 제13조제3항에 따라 해당 특수경비원에게 특수경비업자의 부담으로 다음 각 호의 기관 또는 단체에서 실시하는 특수경비원 신임교육을 받도록 하여야 한다.

1. 「경찰공무원 교육훈련규정」 제2조제3호에 따른 경찰교육기관
2. 행정안전부령으로 정하는 기준에 적합한 기관 또는 단체 중 경찰청장이 지정하여 고시하는 기관 또는 단체

② 제1항에도 불구하고 특수경비업자는 채용 전 3년 이내에 특수경비업무에 종사하였던 경력이 있는 사람을 특수경비원으로 채용한 경우에는 해당 특수경비원을 특수경비원 신임교육 대상에서 제외할 수 있다.

③ 특수경비업자는 법 제13조제3항에 따라 소속 특수경비원에게 법 제12조에 따라 선임한 경비지도사가 수립한 교육계획에 따라 매월 행정안전부령으로 정하는 시간 이상의 직무교육을 받도록 하여야 한다.

④ 제1항에 따른 신임교육의 과목 및 시간, 제3항에 따른 직무교육의 과목 등 특수경비원의 교육 실시에 필요한 사항은 행정안전부령으로 정한다.

## 13. 경비원의 교육 등(제13조)

① 경비업자는 경비업무를 적정하게 실시하기 위하여 경비원으로 하여금 대통령령으로 정하는 바에 따라 경비원 신임교육 및 직무교육을 받게 하여야 한다. 다만, 경비업자는 대통령령으로 정하는 경력 또는 자격을 갖춘 일반경비원을 신임교육 대상에서 제외할 수 있다.

② 경비원이 되려는 사람은 대통령령으로 정하는 교육기관에서 미리 일반경비원 신임교육을 받을 수 있다.

③ 특수경비업자는 대통령령으로 정하는 바에 따라 특수경비원으로 하여금 특수경비원 신임교육과 정기적인 직무교육을 받게 하여야 하고, 특수경비원 신임교육을 받지 아니한 자를 특수경비업무에 종사하게 하여서는 아니 된다.

④ 제3항에 의한 특수경비원의 교육시 관할경찰서 소속 경찰공무원이 교육기관에 입회하여 대통령령이 정하는 바에 따라 지도·감독하여야 한다.

## 13-1. 시행령

제18조(일반경비원에 대한 교육)

① 경비업자는 일반경비원을 채용한 경우 법 제13조제1항 본문에 따라 해당 일반경비원에게 경비업자의 부담으로 다음 각 호의 기관 또는 단체에서 실시하는 일반경비원 신임교육을 받도록 하여야 한다.

1. 법 제22조제1항에 따른 경비협회
2. 「경찰공무원 교육훈련규정」 제2조제3호에 따른 경찰교육기관
3. 경비업무 관련 학과가 개설된 대학 등 경비원에 대한 교육을 전문적으로 수행할 수 있는 인력과 시설을 갖춘 기관 또는 단체 중 경찰청장이 지정하여 고시하는 기관 또는 단체

② 경비업자는 법 제13조제1항 단서에 따라 다음 각 호의 어느 하나에 해당하는 사람을 일반경비원으로 채용한 경우에는 해당 일반경비원을 일반경비원 신임교육 대상에서 제외할 수 있다.

1. 법 제13조제1항 본문 및 같은 조 제3항에 따른 일반경비원 또는 특수경비원 신임교육을 받은 사람으로서 채용 전 3년 이내에 경비업무에 종사한 경력이 있는 사람
2. 「경찰공무원법」에 따른 경찰공무원으로 근무한 경력이 있는 사람
3. 「대통령 등의 경호에 관한 법률」에 따른 경호공무원 또는 별정직공무원으로 근무한 경력이 있는 사람
4. 「군인사법」에 따른 부사관 이상으로 근무한 경력이 있는 사람
5. 경비지도사 자격이 있는 사람
6. 채용 당시 법 제13조제2항에 따른 일반경비원 신임교육을 받은 지 3년이 지나지 아니한 사람

③ 경비업자는 법 제13조제1항에 따라 소속 일반경비원에게 법 제12조에 따라 선임한 경비지도사가 수립한 교육계획에 따라 매월 행정안전부령으로 정하는 시간 이상의 직무교육을 받도록 하여야 한다. 〈개정 2014. 11. 19., 2016. 6. 28., 2017. 7. 26.〉

④ 법 제13조제2항에서 "대통령령으로 정하는 교육기관"이란 제18조제1항 각 호의 기관 또는 단체를 말한다.

⑤ 제1항에 따른 신임교육의 과목 및 시간, 제3항에 따른 직무교육의 과목 등 일반경비원의 교육 실시에 필요한 사항은 행정안전부령으로 정한다.

제19조(특수경비원에 대한 교육)

① 특수경비업자는 특수경비원을 채용한 경우 법 제13조제3항에 따라 해당 특수경비원에게 특수경비업자의 부담으로 다음 각 호의 기관 또는 단체에서 실시하는 특수경비원 신임교육을 받도록 하여야 한다.

1. 「경찰공무원 교육훈련규정」 제2조제3호에 따른 경찰교육기관
2. 행정안전부령으로 정하는 기준에 적합한 기관 또는 단체 중 경찰청장이 지정하여 고시하는 기관 또는 단체

② 제1항에도 불구하고 특수경비업자는 채용 전 3년 이내에 특수경비업무에 종사하였던 경력이 있는 사람을 특수경비원으로 채용한 경우에는 해당 특수경비원을 특수경비원 신임교육 대상에서 제외할 수 있다.

③ 특수경비업자는 법 제13조제3항에 따라 소속 특수경비원에게 법 제12조에 따라 선임한 경비지도사가 수립한 교육계획에 따라 매월 행정안전부령으로 정하는 시간 이상의 직무교육을 받도록 하여야 한다.

④ 제1항에 따른 신임교육의 과목 및 시간, 제3항에 따른 직무교육의 과목 등 특수경비원의 교육 실시에 필요한 사항은 행정안전부령으로 정한다.

## 14. 특수경비원의 직무 및 무기사용 등(제14조)

① 특수경비업자는 특수경비원으로 하여금 배치된 경비구역안에서 관할 경찰서장 및 공항경찰대장 등 국가중요시설의 경비책임자(이하 "관할 경찰관서장"이라 한다)와 국가중요시설의 시설주의 감독을 받아 시설을 경비하고 도난 · 화재 그 밖의 위험의 발생을 방지하는 업무를 수행하게 하여야 한다.

② 특수경비원은 국가중요시설에 대한 경비업무 수행중 국가중요시설의 정상적인 운영을 해치는 장해를 일으켜서는 아니된다.

③ 지방경찰청장은 국가중요시설에 대한 경비업무의 수행을 위하여 필요하다고 인정하는 때에는 시설주의 신청에 의하여 무기를 구입한다. 이 경우 시설주는 그 무기의 구입대금을 지불하고, 구입한 무기를 국가에 기부 채납하여야 한다.

④ 지방경찰청장은 국가중요시설에 대한 경비업무의 수행을 위하여 필요하다고 인정하는 때에는 관할경찰관서장으로 하여금 시설주의 신청에 의하여 시설주로부터 국가에 기

부채납된 무기를 대여하게 하고, 시설주는 이를 특수경비원으로 하여금 휴대하게 할 수 있다. 이 경우 특수경비원은 정당한 사유없이 무기를 소지하고 배치된 경비구역을 벗어나서는 아니된다.

⑤ 시설주가 제4항의 규정에 의하여 대여받은 무기에 대하여 시설주 및 관할 경찰관서장은 무기의 관리책임을 지고, 관할 경찰관서장은 시설주 및 특수경비원의 무기관리상황을 대통령령이 정하는 바에 따라 지도 · 감독하여야 한다.

⑥ 관할 경찰관서장은 무기의 적정한 관리를 위하여 제4항의 규정에 의하여 무기를 대여받은 시설주에 대하여 필요한 명령을 발할 수 있다.

⑦ 시설주로부터 무기의 관리를 위하여 지정받은 책임자(이하 "관리책임자"라 한다)는 다음 각호에 의하여 이를 관리하여야 한다.

1. 무기출납부 및 무기장비운영카드를 비치 · 기록하여야 한다.
2. 무기는 관리책임자가 직접 지급 · 회수하여야 한다.

⑧ 특수경비원은 국가중요시설의 경비를 위하여 무기를 사용하지 아니하고는 다른 수단이 없다고 인정되는 때에는 필요한 한도 안에서 무기를 사용할 수 있다. 다만, 다음 각 호의 1에 해당하는 때를 제외하고는 사람에게 위해를 끼쳐서는 아니된다.

1. 무기 또는 폭발물을 소지하고 국가중요시설에 침입한 자가 특수경비원으로부터 3회 이상 투기(投棄) 또는 투항(投降)을 요구받고도 이에 불응하면서 계속 항거하는 경우 이를 억제하기 위하여 무기를 사용하지 아니하고는 다른 수단이 없다고 인정되는 때
2. 국가중요시설에 침입한 무장간첩이 특수경비원으로부터 투항(投降)을 요구받고도 이에 불응한 때

⑨ 특수경비원의 무기휴대, 무기종류, 그 사용기준 및 안전검사의 기준 등에 관하여 필요한 사항은 대통령령으로 정한다.

## 14-1. 시행령

제20조(특수경비원 무기휴대의 절차 등)

① 시설주는 법 제14조제4항의 규정에 의하여 특수경비원이 휴대할 무기를 대여받고자 하는 때에는 무기대여신청서를 관할경찰서장 및 공항경찰대장 등 국가중요시설의 경비책임자(이하 "관할경찰관서장"이라 한다)를 거쳐 지방경찰청장에게 제출하여야 한다.

② 시설주는 법 제14조제4항의 규정에 의하여 관할경찰관서장으로부터 대여받은 무기

를 특수경비원에게 휴대하게 하는 경우에는 동조제9항의 규정에 의하여 관할경찰관서장의 사전승인을 얻어야 한다.
③ 제2항의 규정에 의한 사전승인을 함에 있어서 관할경찰관서장은 국가중요시설에 총기 또는 폭발물의 소지자나 무장간첩 침입의 우려가 있는지의 여부 등을 고려하는 등 특수경비원에게 무기를 지급하여야 할 필요성이 있는지의 여부에 관하여 판단하여야 한다.
④ 시설주는 제3항의 규정에 의한 무기지급의 필요성이 해소되었다고 인정되는 때에는 특수경비원으로부터 즉시 무기를 회수하여야 한다.
⑤ 법 제14조제9항의 규정에 의하여 특수경비원이 휴대할 수 있는 무기종류는 권총 및 소총으로 한다.
⑥「위해성 경찰장비의 사용기준 등에 관한 규정」제18조 및 별표 2의 규정은 법 제14조제9항의 규정에 의한 안전검사의 기준에 관하여 이를 준용한다.
⑦ 시설주, 법 제14조제7항의 규정에 의한 관리책임자와 특수경비원은 행정안전부령이 정하는 무기관리수칙을 준수하여야 한다.

## 14-2. 시행규칙

제18조(무기의 관리수칙 등)

① 법 제14조제4항의 규정에 의하여 무기를 대여받은 국가중요시설의 시설주(이하 "시설주"라 한다) 또는 동조제7항의 규정에 의한 관리책임자(이하 "관리책임자"라 한다)는 다음 각호의 관리수칙에 따라 무기(탄약을 포함한다. 이하 같다)를 관리하여야 한다.

1. 무기의 관리를 위한 책임자를 지정하고 관할경찰관서장에게 이를 통보할 것
2. 무기고 및 탄약고는 단층에 설치하고 환기 · 방습 · 방화 및 총가 등의 시설을 할 것
3. 탄약고는 무기고와 사무실 등 많은 사람을 수용하거나 많은 사람이 오고 가는 시설과 떨어진 곳에 설치할 것
4. 무기고 및 탄약고에는 이중 잠금장치를 하여야 하며, 열쇠는 관리책임자가 보관하되, 근무시간 이후에는 열쇠를 당직책임자에게 인계하여 보관시킬 것
5. 관할경찰관서장이 정하는 바에 의하여 무기의 관리실태를 매월 파악하여 다음 달 3일까지 관할경찰관서장에게 통보할 것
6. 대여받은 무기를 빼앗기거나 대여받은 무기가 분실 · 도난 또는 훼손되는 등의 사고가 발생한 때에는 관할경찰관서장에게 그 사유를 지체없이 통보할 것

7. 대여받은 무기를 빼앗기거나 대여받은 무기가 분실 · 도난 또는 훼손된 때에는 경찰청장이 정하는 바에 의하여 그 전액을 배상할 것. 다만, 전시 · 사변, 천재 · 지변 그 밖의 불가항력의 사유가 있다고 지방경찰청장이 인정한 때에는 그러하지 아니하다.
8. 시설주는 자체계획을 수립하여 보관하고 있는 무기를 매주 1회 이상 손질할 수 있게 할 것

② 시설주 또는 관리책임자는 고의 또는 과실로 무기(부속품을 포함한다)를 빼앗기거나 무기가 분실 · 도난 또는 훼손되도록 한 특수경비원에 대하여 특수경비업자에게 교체 또는 징계 등의 조치를 요청할 수 있다. 이 경우 특수경비업자는 특별한 사유가 없는 한 이에 응하여야 한다.

③ 법 제14조제4항의 규정에 의하여 무기를 대여받은 시설주 또는 관리책임자가특수경비원에게 무기를 출납하고자 하는 때에는 다음 각호의 관리수칙에 따라 무기를 관리하여야 한다.

1. 관할경찰관서장이 무기를 회수하여 집중적으로 관리하도록 지시하는 경우 또는 출납하는 탄약의 수를 증감하거나 출납을 중지하도록 지시하는 경우에는 이에 따를 것
2. 탄약의 출납은 소총에 있어서는 1정당 15발 이내, 권총에 있어서는 1정당 7발 이내로 하되, 생산된 후 오래된 탄약을 우선적으로 출납할 것
3. 무기를 지급받은 특수경비원으로 하여금 무기를 매주 1회 이상 손질하게 할 것
4. 수리가 필요한 무기가 있는 때에는 그 목록과 무기장비운영카드를 첨부하여 관할경찰관서장에게 수리를 요청할 것

④ 법 제14조제4항의 규정에 의하여 시설주로부터 무기를 지급받은 특수경비원은 다음 각호의 관리수칙에 따라 무기를 관리하여야 한다.

1. 무기를 지급받거나 반납하는 때 또는 무기의 인계 인수를 하는 때에는 반드시 "앞에 총"의 자세에서 "검사 총"을 할 것
2. 무기를 지급받은 때에는 별도의 지시가 없는 한 탄약은 무기로부터 분리하여 휴대하여야 하며, 소총은 "우로 어깨걸어 총"의 자세를 유지하고, 권총은 "권총집에 넣어 총"의 자세를 유지할 것
3. 지급받은 무기를 다른 사람에게 보관 · 휴대 또는 손질시키지 아니할 것
4. 무기를 손질 또는 조작하는 때에는 총구를 반드시 공중으로 향하게 할 것
5. 무기를 반납하는 때에는 손질을 철저히 한 후 반납하도록 할 것
6. 근무시간 이후에는 무기를 시설주에게 반납하거나 교대근무자에게 인계할 것

⑤ 시설주는 다음 각호의 1에 해당하는 특수경비원에 대하여 무기를 지급하여서는 아니되며, 지급된 무기가 있는 경우 이를 즉시 회수하여야 한다.

1. 형사사건으로 인하여 조사를 받고 있는 사람
2. 사의를 표명한 사람
3. 정신질환자
4. 그 밖에 무기를 지급하기에 부적합하다고 인정되는 사람

⑥ 시설주는 무기를 수송하는 때에는 출발하기 전에 관할경찰서장에게 그 사실을 통보하여야 하며, 통보를 받은 관할경찰서장은 1인 이상의 무장경찰관을 무기를 수송하는 자동차 등에 함께 타도록 하여야 한다.

## 15. 특수경비원의 의무(제15조)

① 특수경비원은 직무를 수행함에 있어 시설주 · 관할 경찰관서장 및 소속상사의 직무상 명령에 복종하여야 한다.

② 특수경비원은 소속상사의 허가 또는 정당한 사유없이 경비구역을 벗어나서는 아니된다.

③ 특수경비원은 파업 · 태업 그 밖에 경비업무의 정상적인 운영을 저해하는 일체의 쟁의행위를 하여서는 아니된다.

④ 특수경비원이 무기를 휴대하고 경비업무를 수행하는 때에는 다음 각호의 1에 정하는 무기의 안전사용수칙을 지켜야 한다.

1. 특수경비원은 사람을 향하여 권총 또는 소총을 발사하고자 하는 때에는 미리 구두 또는 공포탄에 의한 사격으로 상대방에게 경고하여야 한다. 다만, 다음 각목의 1에 해당하는 경우로서 부득이한 때에는 경고하지 아니할 수 있다.
   가. 특수경비원을 급습하거나 타인의 생명 · 신체에 대한 중대한 위험을 야기하는 범행이 목전에 실행되고 있는 등 상황이 급박하여 경고할 시간적 여유가 없는 경우
   나. 인질 · 간첩 또는 테러사건에 있어서 은밀히 작전을 수행하는 경우
2. 특수경비원은 무기를 사용하는 경우에 있어서 범죄와 무관한 다중의 생명 · 신체에 위해를 가할 우려가 있는 때에는 이를 사용하여서는 아니된다. 다만, 무기를 사용하지 아니하고는 타인 또는 특수경비원의 생명 · 신체에 대한 중대한 위협을 방지할 수 없다고 인정되는 때에는 필요한 최소한의 범위 안에서 이를 사용할 수 있다.

3. 특수경비원은 총기 또는 폭발물을 가지고 대항하는 경우를 제외하고는 14세 미만의 자 또는 임산부에 대하여는 권총 또는 소총을 발사하여서는 아니된다.

## 15조2. 경비원 등의 의무(제15조의2)

① 경비원은 직무를 수행함에 있어 타인에게 위력을 과시하거나 물리력을 행사하는 등 경비업무의 범위를 벗어난 행위를 하여서는 아니된다.
② 누구든지 경비원으로 하여금 경비업무의 범위를 벗어난 행위를 하게 하여서는 아니된다.

## 16. 경비원의 복장 등(제16조)

① 경비업자는 경찰공무원 또는 군인의 제복과 색상 및 디자인 등이 명확히 구별되는 소속 경비원의 복장을 정하고 이를 확인할 수 있는 사진을 첨부하여 주된 사무소를 관할하는 지방경찰청장에게 행정안전부령으로 정하는 바에 따라 신고하여야 한다.
② 경비업자는 경비업무 수행 시 경비원에게 소속 경비업체를 표시한 이름표를 부착하도록 하고, 제1항에 따라 신고된 동일한 복장을 착용하게 하여야 하며, 복장에 소속 회사를 오인할 수 있는 표시를 하거나 다른 회사의 복장을 착용하게 하여서는 아니 된다. 다만, 집단민원현장이 아닌 곳에서 신변보호업무를 수행하는 경우 또는 경비업무의 성격상 부득이한 사유가 있어 관할 경찰관서장이 허용하는 경우에는 그러하지 아니하다.
③ 지방경찰청장은 제1항에 따라 제출받은 사진을 검토한 후 경비업자에게 복장 변경 등에 대한 시정명령을 할 수 있다.
④ 제3항에 따른 시정명령을 받은 경비업자는 이를 이행하여야 하고, 지방경찰청장에게 행정안전부령으로 정하는 바에 따라 이행보고를 하여야 한다.
⑤ 그 밖에 경비원의 복장 등에 필요한 사항은 행정안전부령으로 정한다.

## 16-1. 시행규칙

제19조(경비원의 복장 등 신고 등)

① 법 제16조제1항에 따라 경비원의 복장 신고(변경신고를 포함한다)를 하려는 경비업자는 소속 경비원에게 복장을 착용하도록 하기 전에 별지 제13호의2서식의 경비원 복장 등 신고서(전자문서로 된 신고서를 포함한다. 이하 같다)를 경비업자의 주된 사무소를 관할하는 지방경찰청장에게 제출하여야 한다.

② 법 제16조제4항에 따라 경비원 복장 시정명령에 대한 이행보고를 하려는 경비업자는 별지 제13호의3서식의 시정명령 이행보고서(전자문서로 된 보고서를 포함한다. 이하 같다)에 이행사실을 입증할 수 있는 사진 등의 서류를 첨부하여 시정명령을 한 지방경찰청장에게 제출하여야 한다.

③ 경비업자는 제1항에 따른 신고서 또는 제2항에 따른 이행보고서를 경비업자의 주된 사무소를 관할하는 지방경찰청장 소속 경찰서장을 거쳐 제출할 수 있다. 이 경우 신고서 또는 이행보고서를 받은 경찰서장은 지체 없이 경비업자의 주된 사무소를 관할하는 지방경찰청장에게 해당 신고서 또는 이행보고서를 보내야 한다.

④ 경비원은 경비업무 수행 시 이름표를 경비원 복장의 상의 가슴 부위에 부착하여 경비원의 이름을 외부에서 알아볼 수 있도록 하여야 한다.

## 16조2. 경비원의 장비 등(제16조의2)

① 경비원이 휴대할 수 있는 장비의 종류는 경적 · 단봉 · 분사기 등 행정안전부령으로 정하되, 근무 중에만 이를 휴대할 수 있다.

② 경비업자가 경비원으로 하여금 분사기를 휴대하여 직무를 수행하게 하는 경우에는 「총포 · 도검 · 화약류 등 단속법」에 따라 미리 분사기의 소지허가를 받아야 한다.

③ 누구든지 제1항의 장비를 임의로 개조하여 통상의 용법과 달리 사용함으로써 다른 사람의 생명 · 신체에 위해를 가하여서는 아니 된다.

④ 경비원은 경비업무를 위하여 필요하다고 인정되는 상당한 이유가 있을 때에는 필요한 최소한도에서 제1항의 장비를 사용할 수 있다.

⑤ 그 밖에 경비원의 장비 등에 관하여 필요한 사항은 행정안전부령으로 정한다.

## 16조2-1. 시행규칙

제20조(경비원의 휴대장비)

① 법 제16조의2제1항에 따라 경비원은 근무 중 경적, 단봉, 분사기, 안전방패, 무전기 및 그 밖에 경비 업무 수행에 필요한 것으로서 공격적인 용도로 제작되지 아니하는 장비를 휴대할 수 있으며, 안전모 및 방검복 등 안전장비를 착용할 수 있다.

② 제1항에 따른 경비원 장비의 구체적인 기준은 별표 5에 따른다.

## 16조3. 출동차량 등(제16조의3)

① 경비업자는 출동차량 등의 도색 및 표지를 경찰차량 및 군차량과 명확히 구별될 수 있게 하여야 한다.

② 경비업자는 출동차량 등의 도색 및 표지를 정하고 이를 확인할 수 있는 사진을 첨부하여 주된 사무소를 관할하는 지방경찰청장에게 행정안전부령으로 정하는 바에 따라 신고하여야 한다.

③ 지방경찰청장은 제2항에 따라 제출받은 사진을 검토한 후 경비업자에게 도색 및 표지 변경 등에 대한 시정명령을 할 수 있다.

④ 제3항에 따른 시정명령을 받은 경비업자는 이를 이행하여야 하고, 지방경찰청장에게 행정안전부령으로 정하는 바에 따라 이행보고를 하여야 한다.

⑤ 그 밖에 출동차량 등에 필요한 사항은 행정안전부령으로 정한다.

## 16조3-1. 시행규칙

제21조(출동차량 등의 신고 등)

① 법 제16조의3제2항에 따라 출동차량 등에 대한 신고(변경신고를 포함한다)를 하려는 경비업자는 출동차량 등을 운행하기 전에 별지 제13호의4서식의 출동차량등 신고서(전자문서로 된 신고서를 포함한다. 이하 같다)를 경비업자의 주된 사무소를 관할하는 지방경찰청장에게 제출하여야 한다.

② 법 제16조의3제4항에 따라 출동차량 등의 시정명령에 대한 이행보고를 하려는 경비

업자는 별지 제13호의3서식의 시정명령 이행보고서에 이행사실을 입증할 수 있는 사진 등의 서류를 첨부하여 시정명령을 한 지방경찰청장에게 제출하여야 한다.

③ 경비업자는 제1항에 따른 신고서 및 제2항에 따른 이행보고서를 경비업자의 주된 사무소를 관할하는 지방경찰청장 소속의 경찰서장을 거쳐 제출할 수 있다. 이 경우 신고서 또는 이행보고서를 받은 경찰서장은 지체 없이 경비업자의 주된 사무소를 관할하는 지방경찰청장에게 해당 신고서 또는 이행보고서를 보내야 한다.

## 17. 결격사유 확인을 위한 범죄경력조회 등(제17조)

① 경찰청장, 지방경찰청장 또는 관할 경찰관서장은 직권으로 또는 제2항에 따른 범죄경력조회 요청이 있는 경우에는 경비업자의 임원, 경비지도사 또는 경비원이 제5조제3호 · 제4호, 제10조제1항제3호부터 제8호까지 또는 같은 조 제2항제2호 · 제3호에 따른 결격사유에 해당하는지를 확인하기 위하여 「형의 실효 등에 관한 법률」 제6조에 따른 범죄경력조회를 할 수 있다.

② 경비업자는 선출 · 선임 · 채용 또는 배치하려는 임원, 경비지도사 또는 경비원이 제5조제3호 · 제4호, 제10조제1항제3호부터 제8호까지 또는 같은 조 제2항제2호 · 제3호에 따른 결격사유에 해당하는지를 확인하기 위하여 주된 사무소, 출장소 또는 배치장소를 관할하는 지방경찰청장 또는 경찰관서장에게 「형의 실효 등에 관한 법률」 제6조에 따른 범죄경력조회를 요청할 수 있다.

③ 제2항에 따른 범죄경력조회 요청을 받은 지방경찰청장 또는 관할 경찰관서장은 경비업자에게 그 결과를 통보할 때에는 경비업자의 임원, 경비지도사 또는 경비원이 제5조제3호 · 제4호, 제10조제1항제3호부터 제8호까지 또는 같은 조 제2항제2호 · 제3호에 따른 결격사유에 해당하는지 여부만을 통보하여야 한다.

④ 지방경찰청장 또는 관할 경찰관서장은 경비업자의 임원, 경비지도사 또는 경비원이 제5조 각 호, 제10조제1항 각 호 또는 제2항 각 호의 결격사유에 해당하는 사실을 알게 되거나 이 법 또는 이 법에 따른 명령을 위반한 때에는 경비업자에게 그 사실을 통보하여야 한다.

## 17-1. 시행규칙

제22조(결격사유 확인을 위한 범죄경력조회 요청)

① 법 제17조제2항에 따른 범죄경력조회 요청은 별지 제13호의5서식의 범죄경력조회 신청서(전자문서로 된 신청서를 포함한다)에 따른다.

② 경비업자는 제1항에 따라 범죄경력조회를 요청하는 경우 다음 각 호의 서류를 첨부하여야 한다.

1. 경비업 허가증 사본
2. 별지 제13호의6서식의 취업자 또는 취업예정자 범죄경력조회 동의서

## 18. 경비원의 명부와 배치허가 등(제18조)

① 경비업자는 행정안전부령으로 정하는 바에 따라 경비원의 명부를 작성 · 비치하여야 한다. 다만, 집단민원현장에 배치되는 일반경비원의 명부는 그 경비원이 배치되는 장소에도 작성 · 비치하여야 한다.

② 경비업자가 경비원을 배치하거나 배치를 폐지한 경우에는 행정안전부령으로 정하는 바에 따라 관할 경찰관서장에게 신고하여야 한다. 다만, 다음 제1호의 경우에는 경비원을 배치하기 48시간 전까지 행정안전부령으로 정하는 바에 따라 배치허가를 신청하고, 관할 경찰관서장의 배치허가를 받은 후에 경비원을 배치하여야 하며(제2호 및 제3호의 경우에는 경비원을 배치하기 전까지 신고하여야 한다), 이 경우 관할 경찰관서장은 배치허가를 함에 있어 필요한 조건을 붙일 수 있다.

1. 제2조제1호가목에 따른 시설경비업무 또는 같은 호 다목에 따른 신변보호업무 중 집단민원현장에 배치된 일반경비원
2. 집단민원현장이 아닌 곳에서 제2조제1호 다목의 규정에 의한 신변보호업무를 수행하는 일반경비원
3. 특수경비원

③ 관할 경찰관서장은 제2항 각 호 외의 부분 단서에 따른 배치허가 신청을 받은 경우 다음 각 호의 사유에 해당하는 때에는 배치허가를 하여서는 아니 된다. 이 경우 관할 경찰관서장은 다음 각 호의 사유를 확인하기 위하여 소속 경찰관으로 하여금 그 배치장소

를 방문하여 조사하게 할 수 있다.

1. 제15조의2제1항 및 제2항을 위반하여 경비업무의 범위를 벗어난 행위를 할 우려가 있는 경우
2. 경비원 중 제10조제1항 또는 제2항에 해당하는 결격자나 제13조에 따른 신임교육을 받지 아니한 사람이 대통령령으로 정하는 기준 이상으로 포함되어 있는 경우
3. 제24조에 따라 경비원의 복장·장비 등에 대하여 내려진 필요한 명령을 이행하지 아니하는 경우

④ 제2항 각 호 외의 부분 단서에 따른 배치허가 신청을 받은 관할 경찰관서장은 배치되는 경비원 중 제10조제1항 또는 제2항에 해당하는 결격자가 있는 경우에는 그 사람을 제외하고 배치허가를 하여야 한다.

⑤ 경비업자는 경비원을 배치하여 경비업무를 수행하게 하는 때에는 행정안전부령으로 정하는 바에 따라 배치된 경비원의 인적사항과 배치일시·배치장소 등 근무상황을 기록하여 보관하여야 한다.

⑥ 경비업자는 다음 각 호의 어느 하나에 해당하는 죄를 범하여 벌금형을 선고받고 5년이 지나지 아니하거나 금고 이상의 형을 선고받고 그 집행이 유예된 날부터 5년이 지나지 아니한 자를 집단민원현장에 일반경비원으로 배치하여서는 아니 된다.

1. 「형법」 제257조부터 제262조까지, 제264조, 제276조부터 제281조까지의 죄, 제284조의 죄, 제285조의 죄, 제320조의 죄, 제324조제2항의 죄, 제350조의2의 죄, 제351조의 죄(제350조, 제350조의2의 상습범으로 한정한다), 제369조제1항의 죄
2. 「폭력행위 등 처벌에 관한 법률」 제2조 또는 제3조의 죄

⑦ 경비업자는 제1항에 따른 경비원 명부에 없는 자를 경비업무에 종사하게 하여서는 아니 되고, 제2항에 따라 경비원을 배치하는 경우에는 제13조에 따른 신임교육을 이수한 자를 배치하여야 한다.

⑧ 관할 경찰관서장은 경비업자가 다음 각 호의 어느 하나에 해당하는 때에는 배치폐지를 명할 수 있다.

1. 제2항 각 호 외의 부분 단서를 위반하여 배치허가를 받지 아니하고 경비원을 배치하거나 경비원 명단 및 배치일시·배치장소 등 배치허가 신청의 내용을 거짓으로 한 때
2. 제6항의 결격사유에 해당하는 자를 집단민원현장에 일반경비원으로 배치한 때
3. 제7항을 위반하여 신임교육을 이수하지 아니한 자를 제2항 각 호의 경비원으로 배치한 때

4. 경비업자 또는 경비원이 위력이나 흉기 또는 그 밖의 위험한 물건을 사용하여 집단적 폭력사태를 일으킨 때
5. 경비업자가 제2항 각 호 외의 부분 본문을 위반하여 신고하지 아니하고 일반경비원을 배치한 때

## 18-1. 시행령

제22조(집단민원현장 배치 불허가 기준)

법 제18조 제3항 제2호에서 "대통령령으로 정하는 기준"이란 100분의 21을 말한다.

## 18-2. 시행규칙

제23조(경비원의 명부)

경비업자는 법 제18조제1항에 따라 다음 각 호의 장소에 별지 제14호서식의 경비원 명부(제2호 및 제3호의 경우에는 해당 장소에 배치된 경비원의 명부를 말한다)를 작성 · 비치하여 두고, 이를 항상 정리하여야 한다.

1. 주된 사무소
2. 영 제5조제3항에 따른 출장소
3. 집단민원현장

제24조(경비원의 배치 및 배치폐지의 신고)

① 경비업자는 법 제18조제2항에 따라 경비업무를 수행하기 위하여 20일 이상 경비원을 배치하거나 그 기간을 연장하려는 때에는 경비원을 배치한 후 7일 이내에 별지 제15호서식의 경비원 배치신고서(전자문서로 된 신고서를 포함한다)를 배치지를 관할하는 경찰관서장에게 제출하여야 한다. 다만, 법 제18조제2항제2호 및 제3호에 해당하는 경비원을 배치하는 경우에는 경비원을 배치하는 기간과 관계없이 경비원을 배치하기 전까지 제출하여야 한다.

② 제1항의 규정에 의하여 경비원의 배치신고를 한 경비업자가 경비원의 배치를 폐지한 때에는 배치폐지를 한 날부터 7일 이내에 별지 제15호서식의 경비원 배치폐지신고서(전자문서로 된 신고서를 포함한다)를 배치지의 관할경찰관서장에게 제출하여야 한다. 다

만, 경비원 배치신고시에 기재한 배치폐지 예정일에 경비원의 배치를 폐지한 경우에는 그러하지 아니하다.

③ 지방경찰청장 또는 경찰서장은 일반경비원 또는 특수경비원이나 일반경비원 또는 특수경비원으로 근무했던 사람이 요청하는 경우에는 별지 제12호의2서식의 배치폐지 확인증을 발급할 수 있다.

제24조의2(집단민원현장에의 일반경비원 배치허가 신청 등)

① 법 제18조제2항 각 호 외의 부분 단서에 따라 집단민원현장에 일반경비원 배치허가를 신청하려는 경비업자는 별지 제15호의2서식의 집단민원현장 일반경비원 배치허가 신청서(전자문서에 의한 신청서를 포함하며, 이하 "배치허가 신청서"라 한다)에 집단민원현장에 배치될 일반경비원의 신임교육 이수증(영 제18조제2항에 따른 일반경비원 신임교육 면제 대상의 경우 신임교육 면제 대상에 해당함을 입증할 수 있는 서류를 말한다) 각 1부를 첨부하여 관할 경찰관서장에게 제출하여야 한다.

② 제1항에 따른 배치허가 신청서를 받은 관할 경찰관서장은 경비원 배치예정 일시 전까지 배치허가 여부를 결정하여 경비업자에게 통보하여야 한다.

③ 제2항에 따라 일반경비원 배치허가를 받은 경비업자가 경비원 배치기간을 연장하려는 경우에는 배치기간이 만료되기 48시간 전까지 배치허가 신청서를 관할 경찰관서장에게 제출하여 허가를 받아야 한다.

④ 제2항에 따라 일반경비원 배치허가를 받은 경비업자가 집단민원현장에 새로운 경비원을 배치하려는 경우에는 새로운 경비원을 배치하기 48시간 전까지 배치허가 신청서를 관할 경찰관서장에게 제출하여 허가를 받아야 한다.

⑤ 제2항에 따라 일반경비원 배치허가를 받은 경비업자가 경비원의 배치를 폐지한 때에는 배치폐지를 한 날부터 48시간 이내에 별지 제15호의3서식의 집단민원현장 일반경비원 배치폐지 신고서(전자문서로 된 신고서를 포함한다)를 관할 경찰관서장에게 제출하여야 한다.

⑥ 제2항에 따라 일반경비원 배치허가를 받은 경비업자가 집단민원현장에 배치된 경비지도사를 변경한 경우에는 변경된 내용을 관할 경찰관서장에게 통보하여야 한다.

제24조의3(경비원 근무상황 기록부)

① 경비업자는 법 제18조제5항에 따라 경비업무를 수행하는 경비원의 인적사항, 배치일

시, 배치장소, 배차폐지일시 및 근무여부 등 근무상황을 기록한 근무상황기록부(전자문서로 된 근무상황기록부를 포함한다. 이하 같다)를 작성하여 주된 사무소 및 출장소에 갖추어 두어야 한다.

② 경비업자는 제1항에 따른 근무상황기록부를 1년 동안 보관하여야 한다.

# 제5장 행정처분 등[18)]

## 19. 경비업 허가의 취소 등(제19조)

① 허가관청은 경비업자가 다음 각 호의 어느 하나에 해당하는 때에는 그 허가를 취소하여야 한다.

1. 허위 그 밖의 부정한 방법으로 허가를 받은 때
2. 제7조제5항의 규정에 위반하여 허가받은 경비업무외의 업무에 경비원을 종사하게 한 때
3. 제7조제9항의 규정에 위반하여 경비업 및 경비관련업외의 영업을 한 때
4. 정당한 사유 없이 허가를 받은 날부터 2년 이내에 경비 도급실적이 없거나 계속하여 1년 이상 휴업한 때
5. 정당한 사유 없이 최종 도급계약 종료일의 다음 날부터 2년 이내에 경비 도급실적이 없을 때
6. 영업정지처분을 받고 계속하여 영업을 한 때
7. 제15조의2제2항을 위반하여 소속 경비원으로 하여금 경비업무의 범위를 벗어난 행위를 하게 한 때
8. 제18조제8항에 따른 관할 경찰관서장의 배치폐지 명령에 따르지 아니한 때

② 허가관청은 경비업자가 다음 각 호의 어느 하나에 해당하는 때에는 대통령령으로 정하는 행정처분의 기준에 따라 그 허가를 취소하거나 6개월 이내의 기간을 정하여 영업의 전부 또는 일부에 대하여 영업정지를 명할 수 있다.

1. 제4조제1항 후단을 위반하여 지방경찰청장의 허가 없이 경비업무를 변경한 때

18) 법제처(moleg.go.kr/main.html), 경비업법, 2020, 재구성

2. 제7조제2항을 위반하여 도급을 의뢰받은 경비업무가 위법한 것임에도 이를 거부하지 아니한 때
3. 제7조제6항을 위반하여 경비지도사를 집단민원현장에 선임·배치하지 아니한 때
4. 제8조를 위반하여 경비대상 시설에 관한 경보 대응체제를 갖추지 아니한 때
5. 제9조제2항을 위반하여 관련 서류를 작성·비치하지 아니한 때
6. 제10조제3항을 위반하여 결격사유에 해당하는 경비원을 배치하거나 결격사유에 해당하는 경비지도사를 선임·배치한 때
7. 제12조제1항을 위반하여 경비지도사를 선임한 때
8. 제13조를 위반하여 경비원으로 하여금 교육을 받게 하지 아니한 때
9. 제16조에 따른 경비원의 복장 등에 관한 규정을 위반한 때
10. 제16조의2에 따른 경비원의 장비 등에 관한 규정을 위반한 때
11. 제16조의3에 따른 경비원의 출동차량 등에 관한 규정을 위반한 때
12. 제18조제1항 단서를 위반하여 집단민원현장에 일반경비원 명부를 작성·비치하지 아니한 때
13. 제18조제2항 각 호 외의 부분 단서를 위반하여 배치허가를 받지 아니하고 경비원을 배치하거나 경비원 명단 및 배치일시·배치장소 등 배치허가 신청의 내용을 거짓으로 한 때
14. 제18조제6항을 위반하여 결격사유에 해당하는 일반경비원을 집단민원현장에 배치한 때
15. 제24조에 따른 감독상 명령에 따르지 아니한 때
16. 제26조를 위반하여 손해를 배상하지 아니한 때

③ 허가관청은 제1항 및 제2항에 의하여 허가취소 또는 영업정지처분을 하는 때에는 경비업자가 허가받은 경비업무중 허가취소 또는 영업정지사유에 해당되는 경비업무에 한하여 처분을 하여야 한다. 다만, 제1항제2호 및 제7호에 해당하여 허가취소를 하는 때에는 그러하지 아니하다.

[2002. 12. 18. 법률 제6787호에 의하여 2002. 4. 25. 헌법재판소에서 위헌 결정된 이 조를 개정함.]

### 19-1. 시행령

제24조(행정처분의 기준)
법 제19조제2항에 따른 행정처분의 기준은 별표 4와 같다.

## 20. 경비지도사자격의 취소 등(제20조)

① 경찰청장은 경비지도사가 다음 각호의 1에 해당하는 때에는 그 자격을 취소하여야 한다.
1. 제10조제1항 각호의 결격사유에 해당하게 된 때
2. 허위 그 밖의 부정한 방법으로 경비지도사자격증을 교부받은 때
3. 경비지도사자격증을 다른 사람에게 빌려주거나 양도한 때
4. 자격정지 기간 중에 경비지도사로 선임되어 활동한 때

② 경찰청장은 경비지도사가 다음 각호의 1에 해당하는 때에는 대통령령이 정하는 바에 따라 1년의 범위 내에서 그 자격을 정지시킬 수 있다.
1. 제12조제3항의 규정에 위반하여 직무를 성실하게 수행하지 아니한 때
2. 제24조의 규정에 의한 경찰청장 또는 지방경찰청장의 명령을 위반한 때

③ 경찰청장은 제1항의 규정에 의하여 경비지도사의 자격을 취소한 때에는 경비지도사 자격증을 회수하여야 하고, 제2항의 규정에 의하여 경비지도사의 자격을 정지한 때에는 그 정지기간 동안 경비지도사자격증을 회수하여 보관하여야 한다.

### 20-1. 시행령

제25조(경비지도사의 자격정지처분의 기준) 법 제20조제2항의 규정에 의한 경비지도사에 대한 자격정지처분의 기준은 별표 5와 같다.

## 21. 청문(제21조)

경찰청장 또는 지방경찰청장은 다음 각호의 1에 해당하는 처분을 하고자 하는 경우에는 청문을 실시하여야 한다.

1. 제19조의 규정에 의한 경비업 허가의 취소 또는 영업정지
2. 제20조제1항 또는 제2항의 규정에 의한 경비지도사자격의 취소 또는 정지

# 제6장 경비협회[19)]

## 22. 경비협회(제22조)

① 경비업자는 경비업무의 건전한 발전과 경비원의 자질향상 및 교육훈련 등을 위하여 대통령령이 정하는 바에 따라 경비협회를 설립할 수 있다.

② 경비협회는 법인으로 한다.

③ 경비협회의 업무는 다음과 같다.

1. 경비업무의 연구
2. 경비원 교육 · 훈련 및 그 연구
3. 경비원의 후생 · 복지에 관한 사항
4. 경비진단에 관한 사항
5. 그 밖에 경비업무의 건전한 운영과 육성에 관하여 필요한 사항

④ 경비협회에 관하여 이 법에 특별한 규정이 있는 것을 제외하고는 민법중 사단법인에 관한 규정을 준용한다.

19) 법제처(moleg.go.kr/main.html), 경비업법, 2020, 재구성

## 22-1. 시행령

제26조(경비협회)

① 경비업자가 법 제22조제1항에 따라 경비협회(이하 "협회"라 한다)를 설립하려는 경우에는 정관을 작성하여야 한다.

② 협회는 정관이 정하는 바에 의하여 회원으로부터 회비를 징수할 수 있다.

# 23. 공제사업(제23조)

① 경비협회는 다음 각 호의 공제사업을 할 수 있다.

1. 제26조에 따른 경비업자의 손해배상책임을 보장하기 위한 사업
2. 경비업자가 경비업을 운영할 때 필요한 입찰보증, 계약보증(이행보증을 포함한다), 하도급보증을 위한 사업
3. 경비원의 복지향상과 업무상 재해로 인한 손실을 보상하는 사업
4. 경비업무와 관련한 연구 및 경비원 교육·훈련에 관한 사업

② 경비협회는 제1항의 규정에 의한 공제사업을 하고자 하는 때에는 공제규정을 제정하여야 한다.

③ 제2항의 공제규정에는 공제사업의 범위, 공제계약의 내용, 공제금, 공제료 및 공제금에 충당하기 위한 책임준비금 등 공제사업의 운영에 관하여 필요한 사항을 정하여야 한다.

④ 경찰청장은 제1항에 따른 공제사업의 건전한 육성과 가입자의 보호를 위하여 공제사업의 감독에 관한 기준을 정할 수 있다.

⑤ 경찰청장은 제2항에 따른 공제규정을 승인하거나 제4항에 따라 공제사업의 감독에 관한 기준을 정하는 경우에는 미리 금융위원회와 협의하여야 한다.

⑥ 경찰청장은 제1항에 따른 공제사업에 대하여 「금융위원회의 설치 등에 관한 법률」에 따른 금융감독원의 원장에게 검사를 요청할 수 있다.

## 23-1. 시행령

제27조(공제사업) ① 협회는 법 제23조제1항의 규정에 의하여 공제사업을 하는 경우 공제사업의 회계는 다른 사업의 회계와 구분하여 경리하여야 한다.

# 제7장 보칙[20)]

## 24. 감독(제24조)

① 경찰청장 또는 지방경찰청장은 경비업무의 적정한 수행을 위하여 경비업자 및 경비지도사를 지도·감독하며 필요한 명령을 할 수 있다.
② 지방경찰청장 또는 관할 경찰관서장은 소속 경찰공무원으로 하여금 관할구역안에 있는 경비업자의 주사무소 및 출장소와 경비원배치장소에 출입하여 근무상황 및 교육훈련상황 등을 감독하며 필요한 명령을 하게 할 수 있다. 이 경우 출입하는 경찰공무원은 그 권한을 표시하는 증표를 관계인에게 내보여야 한다.
③ 지방경찰청장 또는 관할 경찰관서장은 경비업자 또는 배치된 경비원이 이 법이나 이 법에 따른 명령, 「폭력행위 등 처벌에 관한 법률」을 위반하는 행위를 하는 경우 그 위반행위의 중지를 명할 수 있다.
④ 지방경찰청장 또는 관할 경찰관서장은 경비업무 장소가 집단민원현장으로 판단되는 경우에는 그 때부터 48시간 이내에 경비업자에게 경비원 배치 허가를 받을 것을 고지하여야 한다.

## 25. 보안지도·점검 등(제25조)

지방경찰청장은 대통령령이 정하는 바에 따라 특수경비업자에 대하여 보안지도·점검을 실시하여야 하고, 필요한 경우 관계기관에 보안측정을 요청하여야 한다.

### 25-1. 시행령

제6조(특수경비업자의 업무개시전의 조치)
① 법 제2조제1호마목의 규정에 의한 특수경비업무를 수행하는 경비업자(이하 "특수경비업자"라 한다)는 법 제4조제3항제5호의 규정에 의하여 첫 업무개시의 신고를 하기 전

20) 법제처(moleg.go.kr/main.html), 경비업법, 2020, 재구성

에 지방경찰청장의 비밀취급인가를 받아야 한다.
② 지방경찰청장은 제1항의 규정에 의하여 특수경비업자에게 비밀취급인가를 하고자 하는 때에는 법 제25조의 규정에 의하여 특수경비업자로 하여금 경찰청장을 거쳐 국가정보원장에게 보안측정을 요청하도록 하여야 한다.

## 26. 손해배상 등(제26조)

① 경비업자는 경비원이 업무수행중 고의 또는 과실로 경비대상에 손해가 발생하는 것을 방지하지 못한 때에는 그 손해를 배상하여야 한다.
② 경비업자는 경비원이 업무수행중 고의 또는 과실로 제3자에게 손해를 입힌 경우에는 이를 배상하여야 한다.

### 26-1. 시행령

제8조(오경보의 방지를 위한 설명 등)
① 법 제9조제1항의 규정에 의하여 기계경비업자가 계약상대방에게 하여야 하는 설명은 다음 각호의 사항을 기재한 서면 또는 전자문서(이하 "서면 등"이라 하며, 이 조에서 전자문서는 계약상대방이 원하는 경우에 한한다)를 교부하는 방법에 의한다.
1. 당해 기계경비업무와 관련된 관제시설 및 출장소(제5조제3항의 규정에 의한 출장소를 말한다. 이하 같다)의 명칭 · 소재지
2. 기계경비업자가 경비대상시설에서 발생한 경보를 수신한 경우에 취하는 조치
3. 기계경비업무용 기기의 설치장소 및 종류와 그밖의 기계장치의 개요
4. 오경보의 발생원인과 송신기기의 유지 · 관리방법
② 기계경비업자는 제1항 각호의 사항을 기재한 서면등과 함께 법 제26조의 규정에 의한 손해배상의 범위와 손해배상액에 관한 사항을 기재한 서면 등을 계약상대방에게 교부하여야 한다.

## 27. 위임 및 위탁(제27조)

① 이 법에 의한 경찰청장의 권한은 대통령령이 정하는 바에 따라 그 일부를 지방경찰청장에게 위임할 수 있다.
② 경찰청장은 제11조의 규정에 의한 경비지도사의 시험 및 교육에 관한 업무를 대통령령이 정하는 바에 따라 관계전문기관 또는 단체에 위탁할 수 있다.

## 27조2. 수수료(제27조의2)

이 법에 따른 경비업의 허가를 받거나 허가증을 재교부 받고자 하는 자는 대통령령이 정하는 바에 따라 수수료를 납부하여야 한다.

## 27조3. 벌칙 적용에서 공무원 의제(제27조의3)

제27조제2항에 따라 위탁받은 업무에 종사하는 관계전문기관 또는 단체의 임직원은 「형법」 제129조부터 제132조까지의 규정을 적용할 때에는 공무원으로 본다.

# 제8장 벌칙[21)]

## 28. 벌칙(제28조)

① 제14조제2항의 규정에 위반하여 국가중요시설의 정상적인 운영을 해치는 장해를 일으킨 특수경비원은 5년 이하의 징역 또는 5천만원 이하의 벌금에 처한다.
② 다음 각 호의 어느 하나에 해당하는 자는 3년 이하의 징역 또는 3천만원 이하의 벌금에 처한다.

21) 법제처(moleg.go.kr/main.html), 경비업법, 2020, 재구성

1. 제4조제1항의 규정에 의한 허가를 받지 아니하고 경비업을 영위한 자
2. 제7조제4항의 규정에 위반하여 직무상 알게 된 비밀을 누설하거나 부당한 목적을 위하여 사용한 자
3. 제7조제8항의 규정에 위반하여 경비업무의 중단을 통보하지 아니하거나 경비업무를 즉시 인수하지 아니한 특수경비업자 또는 경비대행업자
4. 집단민원현장에 경비원을 배치하면서 제7조의2제1항을 위반하여 제4조제1항에 따른 허가를 받지 아니한 자에게 경비업무를 도급한 자
5. 제7조의2제2항을 위반하여 집단민원현장에 20명 이상의 경비인력을 배치하면서 그 경비인력을 직접 고용한 자
6. 제7조의2제3항을 위반하여 경비업자의 경비원 채용 시 무자격자나 부적격자 등을 채용하도록 관여하거나 영향력을 행사한 도급인
7. 과실로 인하여 제14조제2항의 규정에 위반하여 국가중요시설의 정상적인 운영을 해치는 장해를 일으킨 특수경비원
8. 특수경비원으로서 경비구역 안에서 시설물의 절도, 손괴, 위험물의 폭발 등의 사유로 인한 위급사태가 발생한 때에 제15조제1항 또는 제2항의 규정에 위반한 자
9. 제15조의2제2항의 규정을 위반하여 경비원에게 경비업무의 범위를 벗어난 행위를 하게 한 자

③ 제14조제4항 후단의 규정에 위반하여 정당한 사유없이 무기를 소지하고 배치된 경비구역을 벗어난 특수경비원은 2년 이하의 징역 또는 2천만원 이하의 벌금에 처한다.

④ 다음 각 호의 어느 하나에 해당하는 자는 1년 이하의 징역 또는 1천만원 이하의 벌금에 처한다.

1. 제14조제7항의 규정에 위반한 관리책임자
2. 제15조제3항의 규정에 위반하여 쟁의행위를 한 특수경비원
3. 제15조의2제1항을 위반하여 경비업무의 범위를 벗어난 행위를 한 경비원
4. 제16조의2제1항에서 정한 장비 외에 흉기 또는 그 밖의 위험한 물건을 휴대하고 경비업무를 수행한 경비원 또는 경비원에게 이를 휴대하고 경비업무를 수행하게 한 자
5. 제18조제8항을 위반하여 경찰관서장의 배치폐지 명령을 따르지 아니한 자
6. 제24조제3항에 따른 지방경찰청장 또는 관할 경찰관서장의 중지명령에 따르지 아니한 자

⑤ 삭제 〈2013. 6. 7.〉

## 29. 형의 가중처벌(제29조)

① 특수경비원이 무기를 휴대하고 경비업무를 수행중에 제14조제8항의 규정 및 제15조제4항의 규정에 의한 무기의 안전수칙을 위반하여 「형법」 제258조의2제1항(제257조제1항의 죄로 한정한다) · 제2항(제258조제1항 · 제2항의 죄로 한정한다), 제259조제1항, 제260조제1항, 제262조, 제268조, 제276조제1항, 제277조제1항, 제281조제1항, 제283조제1항, 제324조제2항, 제350조의2 및 제366조의 죄를 범한 때에는 그 죄에 정한 형의 2분의 1까지 가중 처벌한다.
② 경비원이 경비업무 수행 중에 제16조의2제1항에서 정한 장비 외에 흉기 또는 그 밖의 위험한 물건을 휴대하고 「형법」 제258조의2제1항(제257조제1항의 죄로 한정한다) · 제2항(제258조제1항 · 제2항의 죄로 한정한다), 제259조제1항, 제261조, 제262조, 제268조, 제276조제1항, 제277조제1항, 제281조제1항, 제283조제1항, 제324조제2항, 제350조의2 및 제366조의 죄를 범한 때에는 그 죄에 정한 형의 2분의 1까지 가중 처벌한다.

## 30. 양벌규정(제30조)

법인의 대표자나 법인 또는 개인의 대리인, 사용인, 그 밖의 종업원이 그 법인 또는 개인의 업무에 관하여 제28조의 위반행위를 하면 그 행위자를 벌하는 외에 그 법인 또는 개인에게도 해당 조문의 벌금형을 과(科)한다. 다만, 법인 또는 개인이 그 위반행위를 방지하기 위하여 해당 업무에 관하여 상당한 주의와 감독을 게을리 하지 아니한 경우에는 그러하지 아니하다.

## 31. 과태료(제31조)

① 다음 각 호의 어느 하나에 해당하는 경비업자에게는 3천만원 이하의 과태료를 부과한다.
1. 제16조제1항을 위반하여 경비원의 복장에 관한 신고를 하지 아니하고 집단민원현장

에 경비원을 배치한 자

2. 제16조제2항을 위반하여 이름표를 부착하게 하지 아니하거나, 신고된 동일 복장을 착용하게 하지 아니하고 집단민원현장에 경비원을 배치한 자
3. 제18조제1항 단서를 위반하여 집단민원현장에 일반경비원을 배치하면서 경비원의 명부를 배치장소에 작성·비치하지 아니한 자
4. 제18조제2항 각 호 외의 부분 단서를 위반하여 배치허가를 받지 아니하고 경비원을 배치하거나 경비원 명단 및 배치일시·배치장소 등 배치허가 신청의 내용을 거짓으로 한 자
5. 제18조제7항을 위반하여 제13조에 따른 신임교육을 이수하지 아니한 자를 제18조제2항 각 호의 경비원으로 배치한 자

② 다음 각 호의 어느 하나에 해당하는 경비업자 또는 시설주에게는 500만원 이하의 과태료를 부과한다.

1. 제4조제3항 또는 제18조제2항의 규정에 위반하여 신고를 하지 아니한 자
2. 제7조제7항의 규정에 위반하여 경비대행업자 지정신고를 하지 아니한 자
3. 제9조제1항의 규정에 위반하여 설명의무를 이행하지 아니한 자
4. 제12조제1항의 규정에 위반하여 경비지도사를 선임하지 아니한 자
5. 제14조제6항의 규정에 의한 감독상 필요한 명령을 정당한 이유없이 이행하지 아니한 자
6. 제10조제3항을 위반하여 결격사유에 해당하는 경비원을 배치하 거나 결격사유에 해당하는 경비지도사를 선임·배치한 자
7. 제16조제1항의 복장 등에 관한 신고규정을 위반하여 신고를 하지 아니한 자
8. 제16조제2항을 위반하여 이름표를 부착하게 하지 아니하거나, 신고된 동일 복장을 착용하게 하지 아니하고 경비원을 경비업무에 배치한 자
9. 제18조제1항 본문을 위반하여 명부를 작성·비치하지 아니한 자
10. 제18조제5항을 위반하여 경비원의 근무상황을 기록하여 보관하지 아니한 자

③ 제1항 및 제2항의 규정에 의한 과태료는 대통령령이 정하는 바에 의하여 지방경찰청장 또는 경찰관서장이 부과·징수한다.

④ 삭제 〈2013. 6. 7.〉

⑤ 삭제 〈2013. 6. 7.〉

## 31-1. 시행령

제32조(과태료의 부과기준 등)

① 법 제31조제1항 및 제2항에 따른 과태료의 부과기준은 별표 6과 같다.

② 지방경찰청장 또는 경찰관서장은 「질서위반행위규제법」 제14조 각 호의 사항을 고려하여 별표 6에 따른 금액의 100분의 50의 범위에서 경감하거나 가중할 수 있다. 다만, 가중하는 때에는 법 제31조제1항 및 제2항에 따른 과태료 금액의 상한을 초과할 수 없다.

③ 삭제 〈2014. 6. 3.〉

④ 삭제 〈2014. 6. 3.〉

## 31-2. 시행규칙

제28조(과태료 부과 고지서 등)

① 법 제31조제1항 및 제2항에 따른 과태료 부과의 사전 통지는 별지 제16호서식의 과태료 부과 사전 통지서에 따른다.

② 법 제31조제1항 및 제2항에 따른 과태료의 부과는 별지 제17호서식의 과태료 부과 고지서에 따른다.

# 제9장 경비업법 연혁22)

경비업법은 1976년 12월31일 법률 제2946호로 제정되었다. 제정이유는 산업시설·공공시설·사무소등 기타 경비를 요하는 시설물의 경비업을 할 수 있도록 용역경비업에 관한 사항을 정하여 용역경비업무의 실시에 적정을 기하려는 것이다.

현재까지 총 27차에 걸쳐 제·개정 되었으며, 주요 제·개정 연혁을 살펴보면 아래와 같다.

22) 법제처(moleg.go.kr/main.html), 경비업법, 2020, 재구성

## 1. 경비업법[시행 2019. 4. 16.] [법률 제16316호, 2019. 4. 16., 일부개정]

경비지도사의 시험 및 교육에 관한 업무를 위탁받은 기관 또는 단체의 임직원은 그 업무를 수행함에 있어 공무원과 유사한 정도의 공정성과 청렴성이 요구되므로「형법」제129조부터 제132조까지의 규정에 따른 벌칙을 적용할 때 공무원으로 의제하려는 것임.

## 2. 경비업법[시행 2018. 4. 25.] [법률 제14909호, 2017. 10. 24., 일부개정]

국민의 경비지도사 자격 취득 기회를 최대한 보장하기 위하여 경비지도사시험은 매년 1회 이상 시행하도록 규정하고, 1년 이내에 경비 도급실적이 없는 경비업자의 경우 매년 폐업 후 다시 허가를 받아야 하는 불편을 해소하기 위하여 경비 도급실적의 산정기간을 1년에서 2년으로 연장하며, 불법행위에 대하여 법률마다 행정형벌의 편차가 큰 것을 개선하기 위하여 특수경비원이 국가중요시설의 정상적인 운영을 해치는 장해를 일으킨 경우 7년 이하의 징역을 5년 이하의 징역으로 하향조정하려는 것임.

## 3. 경비업법[시행 2017. 7. 26.] [법률 제14839호, 2017. 7. 26., 타법개정]

정부조직법 일부개정법률
중소기업 육성과 과학기술 융합을 기반으로 미래 성장동력 확충과 일자리 창출 등 경제 활성화를 뒷받침할 수 있도록 정부 조직체계를 재설계하고, 안전 · 재난 분야의 유기적 연계와 현장 기관의 전문 역량을 강화하기 위하여 국가 안전관리 체계를 재조정하는 한편, 통상행정 분야를 효율화하고, 국가보훈 및 대통령 경호 시스템을 환경변화에 맞게 조정하는 등 국민들의 요구에 신속하게 반응하는 열린 민주 정부를 구현할 수 있도록 정부기능을 재배치하려는 것임.

## 4. 경비업법[시행 2016. 1. 26.] [법률 제13814호, 2016. 1. 26., 일부개정]

현행법에 따르면 경비업자는 경비원으로 하여금 경비원 신임교육을 받게 하도록 하고 있으나, 누구든지 경비원으로 채용되기 전에도 개인적으로 일반경비원 신임교육을 받을 수 있도록 하고, 대통령령으로 정하는 바에 따라 일반경비원을 신임교육의 대상에서 제외할 수 있도록 하려는 것임.

## 5. 경비업법[시행 2016. 1. 6.] [법률 제13719호, 2016. 1. 6., 타법개정]

형법 일부개정법률

「형법」 및 「공직선거법」에 의하여 수형자 및 집행유예 중인 자의 선거권을 제한하는 것이 헌법상 과잉금지원칙에 위배된다는 헌법재판소의 헌법불합치 및 위헌 결정이 선고됨에 따라 「공직선거법」이 1년 미만의 징역 또는 금고의 집행을 선고받아 수형 중에 있는 사람과 형의 집행유예를 선고받고 유예기간 중에 있는 사람에 대하여 선거권을 부여하도록 개정되었고, 그로 인하여 징역 또는 금고의 집행이 종료하거나 면제될 때까지 선거권을 포함하는 자격 전반이 정지되도록 정하고 있는 「형법」 제43조제2항의 개정이 필요함.

또한, 징역형에 대해 인정되는 집행유예가 징역형보다 상대적으로 가벼운 형벌인 벌금형에는 인정되지 않아 합리적이지 않다는 비판이 제기되어 왔고, 벌금 납부능력이 부족한 서민의 경우 벌금형을 선고받아 벌금을 납부하지 못할 시 노역장 유치되는 것을 우려하여 징역형의 집행유예 판결을 구하는 예가 빈번히 나타나는 등 형벌의 부조화 현상을 방지하고 서민의 경제적 어려움을 덜어주기 위해 벌금형에 대한 집행유예를 도입할 필요가 있음. 다만, 고액 벌금형의 집행유예를 인정하는 것에 대한 비판적인 법감정이 있는 점 등을 고려하여 500만원 이하의 벌금형을 선고하는 경우에만 집행유예를 선고할 수 있도록 규정함. 아울러, 벌금형을 선고받은 사실을 일정한 결격 사유로 정하고 있는 법률이 다수 존재하고 벌금형의 집행유예가 도입됨에 따라 그러한 법률 역시도 정비가 필요한 점을 고려하여 공포 후 2년이 경과한 후에 시행하도록 함.

한편, 헌법재판소는 배우자 있는 자의 간통행위 및 그와의 상간행위를 2년 이하의 징역에 처하도록 규정한 「형법」 제241조가 성적 자기결정권 및 사생활의 비밀과 자유를 침해한다고 위헌 결정을 하였는데 이를 반영하여 간통죄 처벌조항을 규정한 제241조를 삭제하려는 것임.

아울러, 헌법재판소는 「폭력행위 등 처벌에 관한 법률」중 특수폭행죄 가중처벌 등 일부 규정이 「형법」과 동일한 구성요건을 규정하면서 법정형만 상향하고 있어 헌법의 기본원리에 위배되고 평등의 원칙에 위반된다는 이유로 각각 위헌 결정을 하였음. 이에 「폭력행위 등 처벌에 관한 법률」 일부 규정을 정비하고 동시에 일부 범죄를 「형법」에 편입하여 처벌의 공백을 방지하면서 형벌체계상의 정당성과 균형을 갖추도록 함.

## 6. 경비업법[시행 2016. 1. 6.] [법률 제13718호, 2016. 1. 6., 타법개정]

그간 헌법재판소는 「특정범죄 가중처벌 등에 관한 법률」의 일부 가중처벌 규정에 대하여 「형법」과 같은 기본법과 동일한 구성요건을 규정하면서 법정형만 상향한 규정은 형벌 체계상의 정당성과 균형을 잃어 헌법의 기본원리에 위배되고 평등의 원칙에 위반된다는 이유로 위헌결정을 내린 바 있음.

이러한 헌법재판소의 위헌 결정 취지를 존중하여, 위헌결정 대상조항 및 이와 유사한 가중처벌 규정을 일괄하여 정비하려는 것임.

## 7. 경비업법[시행 2015. 10. 21.] [법률 제13397호, 2015. 7. 20., 일부개정]

경비협회의 입찰보증 등의 공제사업을 통해 중소 경비업체들이 저렴한 가격으로 보증보험업체 또는 금융기관 보증상품을 이용할 수 있도록 하되, 공제사업 운영주체의 전문성 부족 등에 따라 금융감독원의 검사 등의 통제장치를 마련함.

또한, 경찰의 감독 업무 강화 및 경비업의 건전한 운영을 제고하기 위하여 경비업무를 도급하려는 자가 경비업자의 경비원 채용시 무자격자 · 부적격자 등을 채용하도록 관여하거나 영향력을 행사할 수 없도록 하고, 경비업무장소가 집단민원현장으로 판단될 때에는 관할 경찰관서장은 경비원 배치허가를 받도록 48시간 이내에 경비업자에게 고지하도록 함.

## 8. 경비업법[시행 2014. 12. 30.] [법률 제12911호, 2014. 12. 30., 일부개정]

「민법」의 개정으로 2013년 7월 1일부터 금치산 · 한정치산 제도가 성년후견 · 한정후견 제도로 변경된 것을 반영하여 경비업체의 임원 · 경비지도사 및 경비원의 결격사유 중 금치산자와 한정치산자를 피성년후견인과 피한정후견인으로 대체하고, 「아동 · 청소년의 성보호에 관한 법률」의 취업제한 규정에 따라 성범죄 전력이 있는 경우 10년간 경비업 법인에서 경비업무에 종사할 수 없도록 규정하고 있어, 이를 반영하여 성범죄 결격자 배제기간을 5년에서 10년으로 상향하는 한편, 경비지도사 자격정지 기간 중 경비지도사로 선임되어 활동하여도 이에 대한 취소규정이 없어 행정처분을 하지 못하는 불합리한 점을 시정하기 위하여 자격정지 기간 중 경비지도사로 선임되어 활동하였을 경우 이를 취소할 수 있는 규정을 신설하려는 것임.

## 9. 경비업법[시행 2014. 11. 19.] [법률 제12844호, 2014. 11. 19., 타법개정]

국가적 재난관리를 위한 재난안전 총괄부처로서 국무총리 소속으로 '국민안전처'를 신설하고, 현행 해양경찰청과 소방방재청의 업무를 조정·개편하여 국민안전처의 차관급 본부로 설치하며, 공직개혁 추진 및 공무원 전문역량 강화를 위하여 공무원 인사 전담조직인 인사혁신처를 국무총리 소속으로 설치하고, 교육·사회·문화 분야 정책결정의 효율성과 책임성을 제고하기 위하여 교육·사회·문화 부총리를 신설하려는 것임.

## 10. 경비업법[시행 2014. 6. 8.] [법률 제11872호, 2013. 6. 7., 일부개정]

1976년 「경비업법」이 제정된 이후 경비업은 단순 시설 경비에서부터 공항·항만·원자력발전소 등 국가중요시설의 경비로 그 영역이 계속 확장되면서 현재 치안서비스의 상당부분을 보완하는 기능을 하고 있으나, 최근 집단민원현장에서 발생한 노조원과 경비원 간의 무력충돌이나 무자격의 경비원 동원으로 인한 폭력사태 등으로 국민생활에 불안감을 주고 있어 경비업자 및 경비원에 대한 규제를 강화하여야 한다는 사회적 요구가 커지고 있는바, 경비업체의 난립을 막기 위해 경비업의 허가요건을 강화하는 한편, 경비원의 폭력이 문제가 되는 노사분규·재개발 현장 등 집단민원현장을 법률에 명확히 규정하고, 집단민원현장에 경비원을 배치할 경우 배치 48시간 전까지 관할 경찰관서장의 배치허가를 받도록 하며, 경비업자와 경비원들의 경비업무를 벗어난 불법적 행위에 대한 규제 및 처벌을 강화하는 등 현행 제도의 운영상 나타난 일부 문제점을 개선·보완하려는 것임.

## 11. 경비업법[시행 2013. 3. 23.] [법률 제11690호, 2013. 3. 23., 타법개정]

정부조직법 전부개정법률

국가 성장동력의 양대 핵심 축인 과학기술과 정보통신기술을 창조경제의 원천으로 활용하여 경제부흥을 뒷받침할 수 있도록 정부 조직체계를 재설계하고, 국민생활 전반에 영향을 미치는 안전 관련 업무 기능을 강화하여 국민의 안전을 최우선으로 하는 정부를 구현하는 한편, 각 행정기관 고유의 전문성을 강화하여 행정환경의 변화에 능동적으로 대처할 수 있도록 하는 등 창조적이고 유능한 정부를 구현할 수 있도록 정부기능을 재배치하려는 것임.

## 12. 경비업법[시행 2009. 4. 1.] [법률 제9579호, 2009. 4. 1., 일부개정]

특수경비원이 국가 중요시설에 배치되며 유사시 무기를 휴대하는 자로서 무기의 적정 사용 및 피탈 방지 등을 위해 일정한 체력이 요구된다는 점을 고려한 것이지만, 한국인의 평균수명이 연장되고 있는 현실에서 특수경비원의 연령 상한을 58세로 한정하는 것은 적절하지 아니하므로 이를 60세로 연장하려는 것임.

## 13. 경비업법[시행 2008. 12. 26.] [법률 제9192호, 2008. 12. 26., 일부개정]

현행 양벌규정은 문언상 영업주가 종업원 등에 대한 관리·감독상 주의의무를 다하였는지 여부에 관계없이 영업주를 처벌하도록 하고 있어 책임주의 원칙에 위배될 소지가 있으므로, 영업주가 종업원 등에 대한 관리·감독상 주의의무를 다한 경우에는 처벌을 면하게 함으로써 양벌규정에도 책임주의 원칙이 관철되도록 함.

## 14. 경비업법[시행 2008. 2. 29.] [법률 제8872호, 2008. 2. 29., 타법개정]

대통령경호실법 일부개정법률

국제적으로 테러가 증가하고 있고 국가 주요인사에 대한 위해의 우려가 증대하고 있는 현실에 비추어 「대통령경호실법」의 명칭을 「대통령 및 국가요인의 경호 등에 관한 법률」로 변경하여 대통령 및 국가요인에 대하여 체계적이고 전문적인 경호를 제공함으로써 국가의 안정적인 발전을 기하는 한편,

대통령 및 국가요인의 경호를 효율적으로 수행하도록 하기 위하여 대통령실장 소속으로 경호처를 설치하고, 처장은 정무직(차관급)으로, 차장은 1급(경호공무원 또는 고위공무원단에 속하는 별정직국가공무원)으로 보하도록 하려는 것임.

## 15. 경비업법[시행 2008. 2. 29.] [법률 제8852호, 2008. 2. 29., 타법개정]

국경 없는 무한경쟁 시대에 국민에게 희망을 주는 일류 정부를 건설하기 위하여, 우리의 미래에 관한 전략기획기능을 강화하고, 정부의 간섭과 개입을 최소화하는 작은 정부 구축을 통하여 민간과 지방의 창의와 활력을 북돋우는 한편, 꼭 해야 할 일은 확실히 하되 나라살림을 알뜰하게 운영하여 국민부담을 줄이며 칸막이 없이 유연하고 창의적으로 일하는

정부를 구축할 수 있도록 기획예산처와 재정경제부를 통합하여 기획재정부를 신설하는 등 정부기능을 효율적으로 재배치하려는 것임.

## 16. 경비업법[시행 2006. 2. 5.] [법률 제7671호, 2005. 8. 4., 일부개정]

경비원이 경비업무의 범위를 벗어난 행위를 하거나 이를 하게 한 자에 대하여 형사처벌을 할 수 있도록 하는 한편, 신변보호 또는 시설경비업무를 수행하는 일반경비원이나 특수경비원을 배치할 때에는 24시간 전까지 신고하도록 하고 이를 위반한 경우에는 배치폐지를 명할 수 있도록 하는 등 현행 제도의 운영과정에서 나타난 일부 미비점을 개선 · 보완하려는 것임.

## 17. 경비업법[시행 2005. 5. 31.] [법률 제7544호, 2005. 5. 31., 일부개정]

법률의 위임근거 없이 시행령에 규정되어 있던 경비지도사 및 그 종류에 관한 사항과 경비업의 허가를 받거나 허가증을 재교부 받고자 하는 자가 납부하여야 하는 수수료에 관한 사항을 법률에 직접 규정하려는 것임.

## 18. 경비업법[시행 2003. 12. 19.] [법률 제6787호, 2002. 12. 18., 일부개정]

경비업자의 대부분이 경비업외에 다른 업무를 겸업하고 있는 경비업계의 현실정에 맞추어 이 법에 의한 경비업외의 영업을 할 수 없도록 하는 경비업자의 겸업금지의무를 특수경비업자로 한정함으로써 경비업자의 영업에 대한 규제를 완화하고 민간경비분야의 성장과 발전에 이바지하려는 것임.

## 19. 경비업법[시행 2001. 7. 8.] [법률 제6467호, 2001. 4. 7., 전부개정]

국가중요시설에 대한 효율적인 경비체계의 구축을 위하여 경비업의 종류에 특수경비업무를 추가하고, 기계경비산업이 급속히 발전함에 따라 기계경비업무의 신고제를 허가제로 변경하는 한편, 기계경비업자의 신속대응조치 의무에 관한 사항 등을 규정하는 등 현행 제도의 운영상 나타난 일부 미비점을 개선 · 보완하려는 것임.

## 20. 경비업법[시행 1999. 10. 1.] [법률 제5940호, 1999. 3. 31., 일부개정]

행정규제기본법에 의한 규제정비계획에 따라 경비지도사의 자격등과 관련된 규정을 합리적으로 조정하고, 설립과 가입이 강제되던 용역경비협회 관련 규정을 정비하는등 용역경비업과 관련된 과도한 규제를 개선·완화하려는 것임.

## 21. 용역경비업법[시행 1998. 1. 1.] [법률 제5453호, 1997. 12. 13., 타법개정]

행정절차법이 1998년 1월 1일부터 시행됨에 따라 행정절차법과 개별 법률에 중복규정되어 있는 행정절차관련규정을 삭제하고, 개별 법률의 다양한 의견청취유형을 행정절차법에 맞도록 정비하며, 일정한 원칙과 기준에 따라 청문을 실시하는 처분을 명확히 개별 법률에 규정함으로써 행정절차법 운영의 실효성을 확보하려는 것임.

① 개별 법률에 의견제출·청문의 대상으로 다양하게 규정되어 있는 불이익처분중 당사자의 재산권·자격 또는 지위를 직접 박탈하는 허가·인가·면허등의 취소처분과 법인·조합등의 설립인가 취소 또는 해산을 명하는 중대한 불이익처분의 경우에는 엄격한 처분절차인 청문을 실시하도록 함.

② 공사채등록법·관세법등과 같이 당사자에게 중대한 불이익을 주는 인가 및 특허등의 취소처분을 규정하고 있으나 청문에 관한 근거가 없는 경우에는 당해처분의 성질에 맞게 청문실시의 근거를 신설함.

③ 의견진술·공청등 행정절차법의 불이익처분절차에 맞지 아니하는 개별 법률상의 용어를 행정절차법에 적합하도록 정비하여 법 적용상의 혼란을 해소함.

## 22. 용역경비업법[시행 1996. 7. 1.] [법률 제5124호, 1995. 12. 30., 일부개정]

사설경비업을 용역경비업의 한 분야로 흡수하고, 경비원의 자질향상을 도모하기 위하여 경비원의 지도·감독 및 교육을 전담하는 경비지도사제도를 신설하며, 용역경비업을 건전하게 육성하기 위하여 현행법에 나타난 일부 미비점을 보완하려는 것임.

① 개인의 신변을 보호하고 위해발생을 방지하는 신변보호업무를 용역경비업의 한 분야로 추가함.

② 용역경비업에 대한 경찰청장의 허가권한을 용역경비업을 하고자 하는 법인의 주사무소의 소재지를 관할하는 지방경찰청장에게 이양함.
③ 용역경비업체의 임·직원, 경비지도사 및 경비원은 직무상 알게 된 경비대상의 비밀을 누설하거나 부정한 목적으로 사용하지 못하도록 함.
④ 경비원에 대한 지도·감독 및 교육을 전담할 수 있도록 경비지도사제도를 신설함.

## 23. 용역경비업법[시행 1991. 7. 31.] [법률 제4369호, 1991. 5. 31., 타법개정]

경찰법[1991.5.31, 법률제4369호]
[신규제정]
경찰의 민주적인 관리·운영과 효율적인 임무수행을 위하여 필요한 경찰의 기본조직과 직무범위를 정하려는 것으로, 분단국가로서 우리나라의 특수한 안보상황과 치안여건에 효율적으로 대처하기 위하여 국가경찰체제를 유지하면서 경찰의 기본조직을 중앙은 현재 보조기관으로 되어 있는 치안본부를 내무부장관소속하의 경찰청으로, 지방은 시·도지사 보조기관인 경찰국을 시·도지사 소속기관인 지방경찰청으로 개편함으로써 경찰행정의 책임성과 독자성을 보장함과 동시에 내무부에 각계의 덕망있는 인사로 구성되는 경찰위원회를 두어 경찰행정에 관한 주요제도 및 인권보호에 관한 사항을 심의·의결하게 함으로써 경찰운영의 민주성과 공정성의 확보를 기하며 경찰의 임무인 국민의 생명과 재산의 보호 및 공공의 안녕과 질서유지에 충실할 수 있도록 그 임무를 명확히 하고 직권을 남용하지 못하도록 하여 국민의 자유와 권리를 최대한 보장함으로써 경찰에 대한 국민의 신뢰를 회복하고 진정한 민주경찰로서의 발전을 도모하려는 것임.

## 24. 용역경비업법[시행 1990. 1. 28.] [법률 제4148호, 1989. 12. 27., 일부개정]

용역경비업을 건전하게 육성·발전시키기 위하여 경비원의 권익을 증진하고, 경비원의 자격연령을 연장하며, 용역경비업자의 손해배상보장제도를 개선하려는 것임.
① 용역경비원이 될 수 없는 연령제한을 18세이하이거나 55세이상에서 18세미만이거나 59세이상으로 완화함.

② 용역경비협회는 용역경비업자의 손해배상책임을 보장하기 위하여 공제사업을 할 수 있도록 하고, 용역경비업자는 손해배상을 위해 현금등을 공탁하거나 이행보증보험계약을 보험회사와 체결하는 대신에 공제에 가입할 수 있도록 함.

## 25. 용역경비업법[시행 1984. 1. 31.] [법률 제3678호, 1983. 12. 30., 일부개정]

용역경비업자의 불필요한 신고의무를 완화하고, 벌칙을 현실에 맞게 조정하려는 것임.

① 용역경비업자가 경비원을 채용 또는 해임할 때에 관할경찰서장에게 신고를 하도록 하던 것을 폐지함.

② 무허가영업행위에 대한 벌칙을 1년이하의 징역 또는 50만원이하의 벌금에서 1년이하의 징역 또는 100만원이하의 벌금으로 조정함.

③ 휴업신고의무위반등 경미한 위반행위에 대한 벌칙을 과태료로 완화함.

## 26. 용역경비업법[시행 1981. 2. 14.] [법률 제3372호, 1981. 2. 14., 일부개정]

용역경비원이 될 수 있는 자의 연령상한을 50세에서 55세로 연장하여 경비원의 사기를 앙양하려는 것임.

## 27. 용역경비업법[시행 1977. 4. 1.] [법률 제2946호, 1976. 12. 31., 제정]

산업시설 · 공공시설 · 사무소등 기타 경비를 요하는 시설물의 경비업을 할 수 있도록 용역경비업에 관한 사항을 정하여 용역경비업무의 실시에 적정을 기하려는 것임.

① 용역경비업은 법인만이 할 수 있도록 함.

② 용역경비업을 경영하고자 하는 자는 서울특별시장 · 부산시장 또는 도지사의 허가를 받도록 함.

③ 파산선고를 받고 복권되지 아니한 자와 금치산자 및 한정치산자, 금고이상의 형을 받은 자등은 용역경비업 법인의 임원이 될 수 없도록 함.

④ 경비원은 근무중 복장과 장구를 착용하도록 함.

⑤ 용역경비업의 건전한 발전을 위하여 용역경비협회를 설립하도록 함.

# 제10장 기타사항[23]

## 1. 경비업법 시행령 별표

■ 경비업법 시행령 [별표 1]

### 경비업의 시설 등의 기준(제3조제2항 관련)

| 시설 등 / 기준 / 업무별 | 경비인력 | 자본금 | 시설 | 장비 등 |
|---|---|---|---|---|
| 1.시설경비업무 | · 일반경비원 20명 이상<br>· 경비지도사 1명 이상 | 1억원 이상 | 기준 경비인력 수 이상을 동시에 교육할 수 있는 교육장 | · 기준 경비인력 수 이상의 경비원 복장 및 경적, 단봉, 분사기 |
| 2. 호송경비업무 | · 무술유단자인 일반경비원 5명 이상<br>· 경비지도사 1명 이상 | 1억원 이상 | 기준 경비인력 수 이상을 동시에 교육할 수 있는 교육장 | · 호송용 차량 1대 이상<br>· 현금호송백 1개 이상<br>· 기준 경비인력 수 이상의 경비원 복장 및 경적, 단봉, 분사기 |
| 3. 신변보호업무 | · 무술유단자인 일반경비원 5명 이상<br>· 경비지도사 1명 이상 | 1억원 이상 | 기준 경비인력 수 이상을 동시에 교육할 수 있는 교육장 | · 기준 경비인력 수 이상의 무전기 등 통신장비<br>· 기준 경비인력 수 이상의 경적, 단봉, 분사기 |
| 4. 기계경비업무 | · 전자·통신 분야 기술자격증소지자 5명을 포함한 일반경비원 10명 이상<br>· 경비지도사 1명 이상 | 1억원 이상 | · 기준 경비인력 수 이상을 동시에 교육할 수 있는 교육장<br>· 관제시설 | · 감지장치·송신장치 및 수신장치<br>· 출장소별로 출동차량 2대 이상<br>· 기준 경비인력 수 이상의 경비원 복장 및 경적, 단봉, 분사기 |
| 5. 특수경비업무 | · 특수경비원 20명 이상<br>· 경비지도사 1명 이상 | 3억원 이상 | 기준 경비인력 수 이상을 동시에 교육할 수 있는 교육장 | · 기준 경비인력 수 이상의 경비원 복장 및 경적, 단봉, 분사기 |

비고

1. 자본금의 경우 하나의 경비업무에 대한 자본금을 갖춘 경비업자가 그 외의 경비업무를 추가로 하려는 경우 자본금을 갖춘 것으로 본다. 다만, 특수경비업자 외의 자가 특수경비업무를 추가로 하려는 경우에는 이미 갖추고 있는 자본금을 포함하여 특수경비업무의 자본금 기준에 적합하여야 한다.
2. 교육장의 경우 하나의 경비업무에 대한 시설을 갖춘 경비업자가 그 외의 경비업무를 추가로 하려는 경우에는 경비인력이 더 많이 필요한 경비업무에 해당하는 교육장을 갖추어야 한다.

23) 법제처(moleg.go.kr/main.html), 경비업법, 2020, 재구성

3. “무술유단자”란 「국민체육진흥법」 제33조에 따른 대한체육회에 가맹된 단체 또는 문화체육관광부에 등록된 무도 관련 단체가 무술유단자로 인정한 사람을 말한다.
4. “호송용 차량”이란 현금이나 그 밖의 귀중품의 운반에 필요한 견고성 및 안전성을 갖추고 무선통신 시설 및 경보시설을 갖춘 자동차를 말한다.
5. “현금호송백”이란 현금이나 그 밖의 귀중품을 운반하기 위한 이동용 호송장비로서 경보시설을 갖춘 것을 말한다.
6. “전자·통신 분야 기술자격증소지자”란 「국가기술자격법」에 따라 전자 및 통신 분야에서 기술자격을 취득한 사람을 말한다.

## ■ 경비업법 시행령 [별표 1의2]

### 특수경비업자가 할 수 있는 영업(제7조의2제1항 관련)

| 분야 | 해당 영업 |
|---|---|
| 금속가공제품 제조업 (기계 및 가구 제외) | · 일반철물 제조업(자물쇠제조 등 경비 관련 제조업에 한정한다)<br>· 금고 제조업 |
| 그 밖의 기계 및 장비제조업 | · 분사기 및 소화기 제조업 |
| 전기장비 제조업 | · 전기경보 및 신호장치 제조업 |
| 전자부품, 컴퓨터, 영상, 음향 및 통신장비 제조업 | · 전자카드 제조업<br>· 통신 및 방송 장비 제조업<br>· 영상 및 음향기기 제조업 |
| 전문직별 공사업 | · 소방시설 공사업<br>· 배관 및 냉·난방 공사업(소방시설 공사 등 방재 관련 공사에 한정한다)<br>· 내부 전기배선 공사업<br>· 내부 통신배선 공사업 |
| 도매 및 상품중개업 | · 통신장비 및 부품 도매업 |
| 통신업 | · 전기통신업 |
| 부동산업 | · 부동산 관리업 |
| 컴퓨터 프로그래밍, 시스템 통합 및 관리업 | · 컴퓨터 프로그래밍 서비스업<br>· 컴퓨터시스템 통합 자문, 구축 및 관리업 |
| 건축기술, 엔지니어링 및 관련기술 서비스업 | · 건축설계 및 관련 서비스업(소방시설 설계 등 방재 관련 건축설계에 한정한다)<br>· 건물 및 토목엔지니어링 서비스업(소방공사 감리 등 방재 관련 서비스업에 한정한다) |
| 사업시설 관리 및 조경 서비스업 | · 사업시설 유지관리 서비스업<br>· 건물 산업설비 청소 및 방제 서비스업 |

| 분야 | 해당 영업 |
|---|---|
| 사업지원 서비스업 | · 인력공급 및 고용알선업<br>· 경비, 경호 및 탐정업 |
| 교육서비스업 | · 직원훈련기관<br>· 그 밖의 기술 및 직업훈련학원(경비 관련 교육에 한정한다) |
| 수리업 | · 일반 기계 수리업<br>· 전기, 전자, 통신 및 정밀기기 수리업 |
| 창고 및 운송 관련 서비스업 | · 주차장 운영업 |

■ **경비업법 시행령 [별표 2]** 〈개정 2003.11.11.〉

## 경비지도사의 시험과목(제12조제3항관련)

<table>
<tr><th rowspan="2">구분</th><th>1차시험</th><th>2차시험</th></tr>
<tr><th>선택형</th><th>선택형 또는 단답형</th></tr>
<tr><td>일반경비지도사</td><td rowspan="2">○법학개론<br>○민간경비론</td><td>○경비업법(청원경찰법을 포함한다)<br>○소방학 · 범죄학 또는 경호학 중 1과목</td></tr>
<tr><td>기계경비지도사</td><td>○경비업법(청원경찰법을 포함한다)<br>○기계경비개론 또는 기계경비기획 및 설계 중 1과목</td></tr>
</table>

■ **경비업법 시행령 [별표 3]** 〈개정 2003.11.11.〉

## 경비지도사의 선임 · 배치기준(제16조제1항관련)

1. 일반경비지도사

시설경비업 · 호송경비업 · 신변보호업 및 특수경비업에 한하여 선임 · 배치할 것

가. 경비원을 배치하여 영업활동을 하고 있는 지역을 관할하는 지방경찰청의 관할구역별로 경비원 200인까지는 일반경비지도사 1인씩 선임 · 배치하되, 200인을 초과하는 100인까지마다 1인씩을 추가로 선임 · 배치할 것. 다만,특수경비업의 경우는 제19조제1항의 규정에 의한 특수경비원 교육을 이수한 일반경비지도사를 선임 · 배치할 것

나. 시설경비업 · 호송경비업 · 신변보호업 및 특수경비업 가운데 2 이상의 경비업을 하는 경우 경비지도사의 배치는 각 경비업에 종사하는 경비원의 수를 합산한 인원을 기준으로 할 것

2. 기계경비지도사

가. 기계경비업에 한하여 선임 · 배치할 것

나. 선임 · 배치기준은 제1호 가목의 규정에 의한 일반경비지도사의 선임 · 배치 기준과 동일하게 할 것

3. 경비지도사가 선임 · 배치된 지방경찰청의 관할구역에 인접하는 지방경찰청의 관할구역에 배치되는 경비원이 30인 이하인 경우에는 제1호 가목 및 제2호 나목의 규정에 불구하고 경비지도사를 따로 선임 · 배치하지 아니할 수 있다. 이 경우 인천지방경찰청은 서울지방경찰청과 인접한 것으로 본다.

■ 경비업법 시행령 [별표 4]

# 행정처분 기준(제24조 관련)

1. 일반기준

가. 제2호에 따른 행정처분이 영업정지인 경우에는 위반행위의 동기, 내용 및 위반의 정도 등을 고려하여 가중하거나 감경할 수 있다.

나. 위반행위가 2 이상인 경우로서 그에 해당하는 각각의 처분기준이 다른 경우에는 그 중 중한 처분기준에 따르며, 2 이상의 처분기준이 동일한 영업정지인 경우에는 중한 처분기준의 2분의 1까지 가중할 수 있다. 다만, 가중하는 경우에도 각 처분기준을 합산한 기간을 초과할 수 없다.

다. 위반행위의 횟수에 따른 행정처분 기준은 최근 2년간 같은 위반행위로 행정처분을 받은 경우에 적용한다. 이 경우 기준 적용일은 위반행위에 대한 행정처분일과 그 처분 후의 위반행위가 다시 적발된 날을 기준으로 한다.

라. 영업정지처분에 해당하는 위반행위가 적발된 날 이전 최근 2년간 같은 위반행위로 2회 영업정지처분을 받은 경우에는 제2호의 기준에도 불구하고 그 위반행위에 대한 행정처분기준은 허가취소로 한다.

2. 개별기준

| 위반행위 | 해당 법조문 | 행정처분 기준 | | |
|---|---|---|---|---|
| | | 1차 위반 | 2차 위반 | 3차 이상 위반 |
| 가. 법 제4조제1항 후단을 위반하여 지방경찰청장의 허가 없이 경비업무를 변경한 때 | 법 제19조 제2항제1호 | 경고 | 영업정지 6개월 | 허가취소 |
| 나. 법 제7조제2항을 위반하여 도급을 의뢰받은 경비업무가 위법한 것임에도 이를 거부하지 않은 때 | 법 제19조 제2항제2호 | 영업정지 1개월 | 영업정지 3개월 | 허가취소 |
| 다. 법 제7조제6항을 위반하여 경비지도사를 집단민원현장에 선임·배치하지 않은 때 | 법 제19조 제2항제3호 | 영업정지 1개월 | 영업정지 3개월 | 허가취소 |
| 라. 법 제8조를 위반하여 경비대상 시설에 관한 경보 대응체제를 갖추지 않은 때 | 법 제19조 제2항제4호 | 경고 | 경고 | 영업정지 1개월 |
| 마. 법 제9조제2항을 위반하여 관련 서류를 작성·비치하지 않은 때 | 법 제19조 제2항제5호 | 경고 | 경고 | 영업정지 1개월 |

| 위반행위 | 해당 법조문 | 행정처분 기준 | | |
|---|---|---|---|---|
| | | 1차 위반 | 2차 위반 | 3차 이상 위반 |
| 바. 법 제10조제3항을 위반하여 결격사유에 해당하는 경비원을 배치하거나 결격사유에 해당하는 경비지도사를 선임·배치한 때 | 법 제19조 제2항제6호 | 영업정지 1개월 | 영업정지 3개월 | 허가취소 |
| 사. 법 제12조제1항을 위반하여 경비지도사를 선임한 때 | 법 제19조 제2항제7호 | 영업정지 1개월 | 영업정지 3개월 | 허가취소 |
| 아. 법 제13조를 위반하여 경비원으로 하여금 교육을 받게 하지 않은 때 | 법 제19조 제2항제8호 | 경고 | 경고 | 영업정지 1개월 |
| 자. 법 제16조에 따른 경비원의 복장 등에 관한 규정을 위반한 때 | 법 제19조 제2항제9호 | 경고 | 영업정지 1개월 | 영업정지 3개월 |
| 차. 법 제16조의2에 따른 경비원의 장비 등에 관한 규정을 위반한 때 | 법 제19조 제2항제10호 | 경고 | 영업정지 1개월 | 영업정지 3개월 |
| 카. 법 제16조의3에 따른 경비원의 출동차량 등에 관한 규정을 위반한 때 | 법 제19조 제2항제11호 | 경고 | 영업정지 1개월 | 영업정지 3개월 |
| 타. 법 제18조제1항 단서를 위반하여 집단민원현장에 일반경비원 명부를 작성·비치하지 않은 때 | 법 제19조 제2항제12호 | 영업정지 1개월 | 영업정지 3개월 | 허가취소 |
| 파. 법 제18조제2항 각 호 외의 부분 단서를 위반하여 배치허가를 받지 아니하고 경비원을 배치하거나 경비원 명단 및 배치일시·배치장소 등 배치허가 신청의 내용을 거짓으로 한 때 | 법 제19조 제2항제13호 | 영업정지 1개월 | 영업정지 3개월 | 허가취소 |
| 하. 법 제18조제6항을 위반하여 결격사유에 해당하는 일반경비원을 집단민원현장에 배치한 때 | 법 제19조 제2항제14호 | 영업정지 1개월 | 영업정지 3개월 | 허가취소 |
| 거. 법 제24조에 따른 감독상 명령에 따르지 않은 때 | 법 제19조 제2항제15호 | 경고 | 영업정지 3개월 | 허가취소 |
| 너. 법 제26조를 위반하여 손해를 배상하지 않은 때 | 법 제19조 제2항제16호 | 경고 | 영업정지 3개월 | 영업정지 6개월 |

■ 경비업법 시행령 [별표 5]

## 경비지도사 자격정지처분 기준(제25조관련)

| 위반행위 | 해당법조문 | 행정처분기준 | | |
|---|---|---|---|---|
| | | 1차 | 2차 | 3차이상 |
| 1. 법 제12조제3항의 규정에 위반하여 직무를 성실하게 수행하지 아니한 때 | 법 제20조 제2항제1호 | 자격정지 3월 | 자격정지 6월 | 자격정지 12월 |
| 2. 법 제24조의 규정에 의한 경찰청장·지방경찰청장의 명령을 위반한 때 | 법 제20조 제2항제2호 | 자격정지 1월 | 자격정지 6월 | 자격정지 9월 |

비고 : 위반행위의 횟수에 따른 행정처분의 기준은 당해 위반행위가 있은 이전 최근 2년간 같은 위반행위로 행정처분을 받은 경우에 적용한다.

■ 경비업법 시행령 [별표 6]

## 과태료의 부과기준(제32조제1항 관련)

| 위반행위 | 해당 법조문 | 과태료 금액(단위: 만원) | | |
|---|---|---|---|---|
| | | 1회 위반 | 2회 위반 | 3회 이상 |
| 1. 법 제4조제3항 또는 제18조제2항을 위반하여 신고를 하지 않은 경우 | 법 제31조 제2항제1호 | | | |
| 가. 1개월 이내의 기간 경과 | | 50 | | |
| 나. 1개월 초과 6개월 이내의 기간 경과 | | 100 | | |
| 다. 6개월 초과 12개월 이내의 기간 경과 | | 200 | | |
| 라. 12개월 초과의 기간 경과 | | 400 | | |
| 2. 법 제7조제7항을 위반하여 경비대행업자 지정 신고를 하지 않은 경우 | 법 제31조 제2항제2호 | | | |
| 가. 허위로 신고한 경우 | | 400 | | |
| 나. 그 밖의 사유로 신고하지 않은 경우 | | 300 | | |
| 3. 법 제9조제1항을 위반하여 설명의무를 이행하지 않은 경우 | 법 제31조 제2항제3호 | 100 | 200 | 400 |
| 4. 법 제10조제3항을 위반하여 결격사유에 해당하는 경비원을 배치하거나 결격사유에 해당하는 경비지도사를 선임·배치한 경우 | 법 제31조 제2항제6호 | 100 | 200 | 400 |
| 5. 법 제12조제1항을 위반하여 경비지도사를 선임하지 않은 경우 | 법 제31조 제2항제4호 | 100 | 200 | 400 |
| 6. 법 제14조제6항에 따른 감독상 필요한 명령을 정당한 이유없이 이행하지 않은 경우 | 법 제31조 제2항제5호 | 500 | | |

| 위반행위 | 해당 법조문 | 과태료 금액(단위: 만원) | | |
|---|---|---|---|---|
| | | 1회 위반 | 2회 위반 | 3회 이상 |
| 7. 법 제16조제1항을 위반하여 복장 등에 관한 신고규정을 위반하여 신고를 하지 않은 경우 | 법 제31조 제2항제7호 | 100 | 200 | 400 |
| 8. 법 제16조제1항을 위반하여 경비원의 복장에 관한 신고를 하지 않고 집단민원현장에 경비원을 배치한 경우 | 법 제31조 제1항제1호 | 600 | 1200 | 2400 |
| 9. 법 제16조제2항을 위반하여 이름표를 부착하게 하지 않거나, 신고된 동일 복장을 착용하게 하지 않고 경비원을 경비업무에 배치한 경우 | 법 제31조 제2항제8호 | 100 | 200 | 400 |
| 10. 법 제16조제2항을 위반하여 이름표를 부착하게 하지 않거나, 신고된 동일 복장을 착용하게 하지 않고 집단민원현장에 경비원을 배치한 경우 | 법 제31조 제1항제2호 | 600 | 1200 | 2400 |
| 11. 법 제18조제1항 본문을 위반하여 명부를 작성·비치하지 않은 경우 | 법 제31조 제2항제9호 | | | |
| 가. 경비원 명부를 비치하지 않은 경우 | | 100 | 200 | 400 |
| 나. 경비원 명부를 작성하지 않은 경우 | | 50 | 100 | 200 |
| 12. 법 제18조제1항 단서를 위반하여 집단민원현장에 배치되는 일반경비원의 명부를 그 배치 장소에 작성·비치하지 않은 경우 | 법 제31조 제1항제3호 | | | |
| 가. 경비원 명부를 비치하지 않은 경우 | | 600 | 1200 | 2400 |
| 나. 경비원 명부를 작성하지 않은 경우 | | 300 | 600 | 1200 |
| 13. 법 제18조제2항 각 호 외의 부분 단서를 위반하여 배치허가를 받지 않고 경비원을 배치하거나, 경비원 명단 및 배치일시·배치장소 등 배치허가 신청의 내용을 거짓으로 한 경우 | 법 제31조 제1항제4호 | 1000 | 2000 | 3000 |
| 14. 법 제18조제5항을 위반하여 경비원의 근무상황을 기록하여 보관하지 않은 경우 | 법 제31조 제2항제10호 | 50 | 100 | 200 |
| 15. 법 제18조제7항을 위반하여 법 제13조에 따른 신임교육을 이수하지 않은 자를 법 제18조제2항 각 호의 경비원으로 배치한 경우 | 법 제31조 제1항제5호 | 600 | 1200 | 2400 |

비고: 위반행위의 횟수에 따른 과태료의 부과기준은 최근 2년간 같은 위반행위로 과태료 부과처분을 받은 경우에 적용한다. 이 경우 기준 적용일은 위반행위에 대한 과태료 부과처분일과 그 처분 후의 위반행위가 다시 적발된 날을 기준으로 한다.

## 2. 경비업법 시행규칙 별표

■ 경비업법 시행규칙 [별표 1] 〈개정 2011.1.26.〉

### 경비지도사 교육의 과목 및 시간(제9조제1항관련)

<table>
<tr><th>구분<br>(교육시간)</th><th colspan="2">과목</th><th>시간</th></tr>
<tr><td rowspan="10">공통교육<br>(28시간)</td><td colspan="2">「경비업법」</td><td>4</td></tr>
<tr><td colspan="2">「경찰관직무집행법」 및 「청원경찰법」</td><td>3</td></tr>
<tr><td colspan="2">테러 대응요령</td><td>3</td></tr>
<tr><td colspan="2">화재대처법</td><td>2</td></tr>
<tr><td colspan="2">응급처치법</td><td>3</td></tr>
<tr><td colspan="2">분사기 사용법</td><td>2</td></tr>
<tr><td colspan="2">교육기법</td><td>2</td></tr>
<tr><td colspan="2">예절 및 인권교육</td><td>2</td></tr>
<tr><td colspan="2">체포 · 호신술</td><td>3</td></tr>
<tr><td colspan="2">입교식 · 평가 · 수료식</td><td>4</td></tr>
<tr><td rowspan="10">자격의 종류별 교육<br>(16시간)</td><td rowspan="6">일반경비<br>지도사</td><td>시설경비</td><td>2</td></tr>
<tr><td>호송경비</td><td>2</td></tr>
<tr><td>신변보호</td><td>2</td></tr>
<tr><td>특수경비</td><td>2</td></tr>
<tr><td>기계경비개론</td><td>3</td></tr>
<tr><td>일반경비현장실습</td><td>5</td></tr>
<tr><td rowspan="4">기계경비<br>지도사</td><td>기계경비운용관리</td><td>4</td></tr>
<tr><td>기계경비기획및설계</td><td>4</td></tr>
<tr><td>인력경비개론</td><td>3</td></tr>
<tr><td>기계경비현장실습</td><td>5</td></tr>
<tr><td>계</td><td colspan="2"></td><td>44</td></tr>
</table>

비고: 일반경비지도사 자격증 취득자 또는 기계경비지도사 자격증 취득자가 자격증 취득일부터 3년 이내에 기계경비지도사 또는 일반경비지도사 시험에 합격하여 교육을 받을 경우에는 공통교육은 면제한다.

■ 경비업법 시행규칙 [별표 2]

## 일반경비원 신임교육의 과목 및 시간(제12조제1항 관련)

| 구분<br>(교육시간) | 과목 | 시간 |
|---|---|---|
| 이론교육<br>(4시간) | 「경비업법」 | 2 |
| | 범죄예방론(신고 및 순찰요령을 포함한다) | 2 |
| 실무교육<br>(19시간) | 시설경비실무(신고 및 순찰요령, 관찰·기록기법을 포함한다) | 2 |
| | 호송경비실무 | 2 |
| | 신변보호실무 | 2 |
| | 기계경비실무 | 2 |
| | 사고예방대책(테러 대응요령, 화재대처법 및 응급처치법을 포함한다) | 3 |
| | 체포·호신술(질문·검색요령을 포함한다) | 3 |
| | 장비사용법 | 2 |
| | 직업윤리 및 서비스(예절 및 인권교육을 포함한다) | 3 |
| 기타(1시간) | 입교식, 평가 및 수료식 | 1 |
| 계 | | 24 |

■ 경비업법 시행규칙 [별표 3] 〈개정 2006.2.2.〉

## 특수경비원 교육기관 시설 및 강사의 기준(제14조제1항관련)

| 구분 | 기준 |
|---|---|
| 1. 시설기준 | ○ 100인 이상 수용이 가능한 165제곱미터 이상의 강의실<br>○ 감지장치 · 수신장치 및 관제시설을 갖춘 132제곱미터 이상의 기계경비실습실<br>○ 100인 이상이 동시에 사용할 수 있는 330제곱미터 이상의 체육관 또는 운동장<br>○ 소총에 의한 실탄사격이 가능하고 10개 사로 이상을 갖춘 사격장 |
| 2. 강사기준 | ○ 고등교육법에 의한 대학 이상의 교육기관에서 교육과목 관련학과의 전임강사(전문대학의 경우에는 조교수) 이상의 직에 1년 이상 종사한 경력이 있는 사람<br>○ 박사학위를 소지한 사람으로서 교육과목 관련 분야의 연구 실적이 있는 사람<br>○ 석사학위를 소지한 사람으로서 교육과목 관련 분야의 실무업무에 3년 이상 종사한 경력이 있는 사람<br>○ 교육과목 관련 분야에서 공무원으로 5년 이상 근무한 경력이 있는 사람<br>○ 교육과목 관련 분야의 실무업무에 10년 이상 종사한 경력이 있는 사람<br>○ 체포 · 호신술 과목의 경우 무도사범의 자격이 있는 사람으로서 교육과목 관련 분야에서 2년 이상 실무 경력이 있는 사람<br>○ 폭발물 처리요령 및 예절교육 과목의 경우 교육과목 관련 분야에서 2년 이상 실무 경력이 있는 사람 |

※ 비고 : 교육시설이 교육기관의 소유가 아닌 경우에는 임대 등을 통하여 교육기간동안 이용할 수 있도록 하여야 한다.

■ **경비업법 시행규칙 [별표 4]** 〈개정 2006.2.2.〉

## 특수경비원 신임교육의 과목 및 시간(제15조제1항관련)

| 구분<br>(교육시간) | 과목 | 시간 |
|---|---|---|
| 이론교육<br>(15시간) | 「경비업법」·「경찰관직무집행법」 및 「청원경찰법」 | 8 |
| | 「헌법」 및 형사법(인권, 경비관련 범죄 및 현행범체포에 관한 규정을 포함한다) | 4 |
| | 범죄예방론(신고요령을 포함한다) | 3 |
| 실무교육<br>(69시간) | 정신교육 | 2 |
| | 테러 대응요령 | 4 |
| | 폭발물 처리요령 | 6 |
| | 화재대처법 | 3 |
| | 응급처치법 | 3 |
| | 분사기 사용법 | 3 |
| | 출입통제 요령 | 3 |
| | 예절교육 | 2 |
| | 기계경비 실무 | 3 |
| | 정보보호 및 보안업무 | 6 |
| | 시설경비요령(야간경비요령을 포함한다) | 4 |
| | 민방공(화생방 관련 사항을 포함한다) | 6 |
| | 총기조작 | 3 |
| | 총검술 | 5 |
| | 사격 | 8 |
| | 체포 · 호신술 | 5 |
| | 관찰 · 기록기법 | 3 |
| 기타(4시간) | 입교식 · 평가 · 수료식 | 4 |
| 계 | | 88 |

■ 경비업법 시행규칙 [별표 5]

## 경비원 휴대장비의 구체적인 기준(제20조제2항 관련)

| 장비 | 장비기준 |
|---|---|
| 1. 경적 | 금속이나 플라스틱 재질의 호루라기 |
| 2. 단봉 | 금속(합금 포함)이나 플라스틱 재질의 전장 700㎜ 이하의 호신용 봉 |
| 3. 분사기 | 「총포·도검·화약류 등 단속법」에 따른 분사기 |
| 4. 안전방패 | 플라스틱 재질의 폭 500㎜ 이하, 길이 1,000㎜이하의 방패로 경찰공무원이 사용하는 안전방패와 색상 및 디자인이 명확히 구분되어야 함 |
| 5. 무전기 | 무전기 송신 시 실시간으로 수신이 가능한 것 |
| 6. 안전모 | 안면을 가리지 아니하면서, 머리를 보호하는 장비로 경찰공무원이 사용하는 방석모와 색상 및 디자인이 명확히 구분되어야 함 |
| 7. 방검복 | 경찰공무원이 사용하는 방검복과 색상 및 디자인이 명확히 구분되어야 함 |

■ 경비업법 시행규칙 [별지 제1호서식] 〈개정 2013.10.22〉

# 호송경비통지서

| 접수번호 | 접수일자 | 처리기간 즉시 |
|---|---|---|

| 통지인 | 법인명칭 | 허가번호 |
|---|---|---|
| | 소재지 | |

| 통지 내용 | | | |
|---|---|---|---|
| | 출발지 | | |
| | 종착지 | | |
| | 중간기착지 | 도내(지명) | 관할경찰서 |
| | | 도외(지명) | 관할경찰서 |
| | 도급자(회사명) | | |
| | 주요호송품명 | | |
| | 경비업무의 기간 | . . .부터 . . .까지 ( 일간) | |
| | 호송횟수 | 월 회 | |

| 경비원 명단 | 성 명 | 직 책 | 성 명 | 직 책 |
|---|---|---|---|---|
| | | | | |
| | | | | |
| | | | | |
| | | | | |

「경비업법 시행규칙」 제2조에 따라 위와 같이 통지합니다.

년 월 일

통지인(대표자) (서명 또는 인)

**○○ 경찰서장** 귀하

| 첨부서류 | 없음 | 수수료 없음 |
|---|---|---|

210㎜×297㎜[백상지 80g/㎡(재활용품)]

■ 경비업법 시행규칙 [별지 제2호서식] 〈개정 2013.10.22〉

# 경비업 [ ]신규 [ ]변경 [ ]갱신 허가신청서

| 접수번호 | 접수일자 | 처리기간 15일 |
|---|---|---|

<table>
<tr><td rowspan="3">신청인</td><td>법인명칭</td><td>허가번호</td></tr>
<tr><td colspan="2">주사무소의 소재지<br>(전화번호 : )</td></tr>
<tr><td colspan="2">출장소의 소재지<br>(전화번호 : )</td></tr>
<tr><td rowspan="3">신청<br>내용</td><td colspan="2">신청경비업무<br>[ ]시설경비업무 [ ]호송경비업무 [ ]신변보호업무<br>[ ]기계경비업무 [ ]특수경비업무</td></tr>
<tr><td colspan="2">자본</td></tr>
<tr><td colspan="2">손해배상(공탁 · 보험 · 공제)</td></tr>
</table>

「경비업법」 제4조제1항 · 제6조제2항, 같은 법 시행령 제3조 및 같은 법 시행규칙 제3조 · 제6조제1항에 따라 위와 같이 경비업의 (신규 · 변경 · 갱신) 허가를 신청합니다.

년 월 일

신청인(대표자) (서명 또는 인)

**○○ 지방경찰청장** 귀하

<table>
<tr><td>신청인<br>제출서류</td><td>1. 신규 · 변경 허가신청<br>가. 법인의 정관 1부<br>나. 법인 임원의 이력서 1부<br>다. 경비인력 · 시설 및 장비의 확보계획서 각 1부(경비업의 허가를 신청하는 때에 갖출 수 없는 경우만 해당합니다)<br>2. 갱신 허가신청<br>가. 허가증 원본<br>나. 정관 1부(변경사항이 있는 경우만 해당합니다)</td><td rowspan="2">수수료<br><br>10,000원</td></tr>
<tr><td>담당 공무원<br>확인사항</td><td>법인의 등기사항증명서</td></tr>
</table>

| 처리절차 | | | | | | |
|---|---|---|---|---|---|---|
| 신청서 작성 | ➜ | 접수 | ➜ | 결재 | ➜ | 허가증 교부 |
| (신청인) | | (경찰서 · 지방청) | | (경찰서 · 지방청) | | (신청인) |

210㎜×297㎜[백상지 80g/㎡(재활용품)]

**[별지 제3호서식]** (앞 쪽)

제 호

## 허 가 증

1. 법 인 명 칭
2. 소 재 지
3. 대 표 자 성 명
4. 주민등록번호
5. 주 소
6. 허가경비업무

경비업법 제4조제1항 · 제6조제2항의 규정에 의하여 위와 같이 허가합니다.

년 월 일

○○지방경찰청장 [인]

210mm×297mm (보존용지(1종) 120g/㎡)

■ 경비업법 시행규칙 [별지 제4호서식] 〈개정 2013.10.22〉

# 허가증 재교부신청서

| 접수번호 | 접수일자 | 처리기간 7일 |
|---|---|---|

| 신청인 | 법인명칭 | 허가번호 |
|---|---|---|
| | 주소지<br>(전화번호 : ) | |
| | 대표자 | 생년월일 |
| | 주소 | |

「경비업법 시행령」 제4조제3항 및「경비업법 시행규칙」 제4조제2항에 따라 위와 같이 경비업허가증의 재교부를 신청합니다.

년 월 일

신청인 (서명 또는 인)

**○○ 지방경찰청장** 귀하

| 첨부서류 | 1. 사유서(허가증을 잃어버린 경우만 해당합니다)<br>2. 허가증(허가증이 못쓰게 된 경우만 해당합니다) | 수수료<br>2,000원 |
|---|---|---|

처리절차

| 신청서 작성 | ➜ | 접수 | ➜ | 결재 | ➜ | 허가증 재교부 |
|---|---|---|---|---|---|---|
| (신청인) | | (경찰서 · 지방청) | | (경찰서 · 지방청) | | (신청인) |

210㎜×297㎜[백상지 80g/㎡(재활용품)]

■ 경비업법 시행규칙 [별지 제5호서식] 〈개정 2012.5.31〉

# 경비업 [ ] 폐업 [ ] 휴업 [ ] 영업재개 [ ] 휴업기간연장 신고서

※ [ ]에는 해당되는 곳에 √표를 합니다. (앞쪽)

| 접수번호 | 접수일자 | 처리기간 즉시 |
|---|---|---|

| | | |
|---|---|---|
| 신고인 | 법인 명칭 | 허가번호 |
| | 소재지<br>(전화번호 : ) | |
| | 대표자 | 생년월일 |
| 신고 내용 | 주소<br>(전화번호 : ) | |
| | 폐업 연월일 | |
| | 휴업기간 또는 영업재개 연월일 | |
| 사유 | | |

| 휴 · 폐업상황 | | | |
|---|---|---|---|
| 계약 회사명 | 경비장소 | 경비원 성명 | 경비원에 대한 조치 |
| | | | |

「경비업법」 제4조제3항, 같은 법 시행령 제5조제1항, 제2항 및 같은 법 시행규칙에 따라

경비업의 [ ]폐업 [ ]휴업 [ ]영업재개 [ ]휴업기간연장 을(를) 신고합니다.

년 월 일

신고인 (서명 또는 인)

**지방경찰청장** 귀하

| 첨부서류 | 허가증 | 수수료<br>없음 |
|---|---|---|

210mm×297mm[백상지 80g/㎡]

■ 경비업법 시행규칙 [별지 제6호서식] 〈개정 2013.10.22〉

# 경비업 허가사항 등의 변경신고서

| 접수번호 | 접수일자 | 처리기간 7일 |
|---|---|---|

| | | |
|---|---|---|
| 신고인 | 법인명칭 | 허가번호 |
| | 소재지<br>(전화번호 : ) | |

| | |
|---|---|
| 신고 내용 | 현재 |
| | 변경 후 |
| | 사유 |

「경비업법」 제4조제3항, 같은 법 시행령 제5조제4항 · 제5항 및 같은 법 시행규칙 제5조 제2항에 따라 위와 같이 경비업의 허가사항 등의 변경을 신고합니다.

년 월 일

신고인(대표자) (서명 또는 인)

**○○ 지방경찰청장** 귀하

| | | |
|---|---|---|
| 신고인 제출서류 | 1. 명칭 변경의 경우: 허가증 원본<br>2. 대표자 변경의 경우: 법인 대표자의 이력서 1부 및 허가증 원본<br>3. 임원 변경의 경우: 법인 임원의 이력서 1부<br>4. 주사무소 또는 출장소 변경의 경우: 허가증 원본<br>5. 정관의 목적 변경의 경우: 법인의 정관 1부 | 수수료<br>2,000원 |
| 담당 공무원 확인사항 | 법인의 등기사항증명서 | |

처리절차

| 신청서 작성 | ➜ | 접수 | ➜ | 결재 | ➜ | 허가증 교부 |
|---|---|---|---|---|---|---|
| (신청인) | | (경찰서 · 지방청) | | (경찰서 · 지방청) | | (신청인) |

210㎜×297㎜[백상지 80g/㎡(재활용품)]

■ 경비업법 시행규칙 [별지 제7호서식] 〈개정 2013.10.22〉

# 특수경비업무 [ ] 개시 [ ] 종료 신고서

| 접수번호 | 접수일자 | 처리기간 즉시 |
|---|---|---|

| 구분 | | |
|---|---|---|
| 신고인 | 업체명 | 허가번호 |
| | 대표자 | 전화번호 |
| | 주소지 | |
| 경비업무 수행시설 | 시설명 | |
| | 주소지 | |
| 도급내역 | 도급기간 | 도급액 |
| | 경비원의 수 | |
| 경비업무의 기간 | 개시일 년 월 일 | |
| | 종료일 년 월 일 | |

「경비업법」 제4조제3항 및 같은 법 시행규칙 제5조제4항에 따라 위와 같이 특수경비업무의 (개시 · 종료)를 신고합니다.

년 월 일

신고인(대표자) (서명 또는 인)

**○○ 지방경찰청장** 귀하

| 첨부서류 | 없음 | 수수료 없음 |
|---|---|---|

210㎜×297㎜[백상지 80g/㎡(재활용품)]

■ **경비업법 시행규칙 [별지 제8호서식]** 〈개정 2019. 4. 23.〉

# 경비지도사시험 응시원서

※ 아래 각 항목은 뒤쪽의 응시원서 작성방법을 참조하여 작성하시기 바랍니다. (앞쪽)

<table>
<tr><td>①응시번호</td><td></td><td>②응시종목</td><td colspan="3">[ ]일반경비지도사 [ ]기계경비지도사</td></tr>
<tr><td rowspan="2">③선택과목</td><td colspan="5">일반경비지도사 [ ]소방학 [ ]범죄학 [ ]경호학</td></tr>
<tr><td colspan="5">기계경비지도사 [ ]기계경비개론 [ ]기계경비기획 및 설계</td></tr>
<tr><td rowspan="7">응시자</td><td>④성 명</td><td colspan="3">(한자 )</td><td rowspan="4">⑩ 사진<br>(3.5cm×4.5cm)</td></tr>
<tr><td>⑤주민등록번호</td><td colspan="3"></td></tr>
<tr><td>⑥주 소</td><td colspan="3"></td></tr>
<tr><td>⑦연 락 처</td><td colspan="3">(자택) (휴대전화번호)</td></tr>
<tr><td rowspan="3">⑧최종 학력</td><td colspan="2">※ 제1차 시험 면제자 중 학력 증명이 필요한 사람만 기재합니다</td><td rowspan="3">⑨ 직업</td><td rowspan="3"></td></tr>
<tr><td colspan="2">[ ]대학원 [ ]대학(교) [ ]전문대학</td></tr>
<tr><td colspan="2">[ ]재학 [ ]휴학 [ ]졸업 [ ]수료</td></tr>
<tr><td>⑪ 제1차 시험 면제 여부 및 사유</td><td colspan="5">[ ] 해당없음 [ ] 전 회 시험의 제1차 시험 합격자 [ ] 경력자 등</td></tr>
<tr><td colspan="6">⑫「경비업법」 제11조 및 같은 법 시행규칙 제8조에 따라 ( )년도 제( )회 경비지도사시험 응시원서를 제출합니다.<br>년 월 일<br>응시인 (서명 또는 인)<br>(시험관리기관명) 귀하</td></tr>
<tr><td colspan="6">담당 직원 확인사항: 국민연금가입자가입증명 또는 건강보험자격득실확인서</td></tr>
<tr><td colspan="6">행정정보 공동이용 동의서(제1차 시험 면제자의 경우에만 작성합니다)</td></tr>
<tr><td colspan="6">⑬ 본인은 이 건의 업무처리와 관련하여 담당 직원이 「전자정부법」 제36조 제1항에 따른 행정정보의 공동이용을 통하여 위의 담당 직원 확인사항([ ]국민연금가입자증명, [ ]건강보험자격득실확인서)을 확인하는 것에 동의합니다.<br>※ 동의하지 않는 경우에는 제출인이 직접 해당 서류를 제출해야 합니다.<br>본인 (서명 또는 인)</td></tr>
</table>

자르는 선

<table>
<tr><td colspan="2">제 회<br>경비지도사시험 응시표</td><td>①응시번호<br></td><td rowspan="3">⑩ 사진<br>(3.5cm×4.5cm)</td></tr>
<tr><td>③성 명</td><td colspan="2">(한자 )</td></tr>
<tr><td>④주민등록번호</td><td colspan="2"></td></tr>
<tr><td colspan="4">이 사람은 년도 제 회 경비지도사시험 응시자임을 확인합니다.<br>년 월 일<br>(시험관리기관명) 직인</td></tr>
</table>

210mm×297mm[백상지(80g/㎡)]

(뒤쪽)

## 응시원서 작성방법

① 응시번호: 응시자가 작성하지 않습니다.
② 응시종목: 해당하는 종목에 '√' 표시를 합니다.
③ 선택과목: 응시종목에 따라 선택과목 1개에 '√' 표시를 합니다.
④ 성 명: 한글로 적되, 한자란은 한자를 적어 넣으시기 바랍니다.
⑤ 주민등록번호: 숫자로 명확하게 기재합니다.
⑥ 주 소: 주민등록상의 주소를 기재하되, 상세 주소(동 · 호수)까지 기재해야 합니다.
⑦ 연락처: 연락 가능한 번호를 정확하게 기재해야 합니다.
⑧ 최종학력: 「경비업법 시행령」 제13조제4호부터 제6호까지의 규정에 해당하는 사람만 작성하며, 같은 조 제4호의 경우에는 「경비업법 시행규칙」 제10조제1호에 해당하는 사람만 작성합니다.
⑨ 직업: 회사원, 공무원, 학생, 농업, 자영업, 무직, 그 밖의 직업 등을 기재합니다.
⑩ 사진: 최근 6개월 이내에 모자를 쓰지 않고 찍은 여권용 사진(3.5㎝×4.5㎝)을 응시원서 및 응시표에 각각 붙여야 합니다.
⑪ 제1차 시험 면제 여부 및 사유 : 제1차 시험 면제 대상자는 해당되는 사유에 '√' 표시를 합니다.
  1) 전 회 시험의 제1차 시험 합격자:「경비업법 시행령」 제12조제6항에 해당하는 사람
  2) 경력자 등: 「경비업법 시행령」 제13조 각 호에 해당하는 사람
⑫ 시험 응시 년도, 회차, 응시원서 제출 날짜, 이름, 서명(또는 날인)을 정확히 기재합니다.
⑬ 「경비업법 시행령」 제13조제1호부터 제6호까지 및 제8호에 해당하는 사람이 재직증명서 또는 경력증명서를 제출한 경우에만 작성합니다.

자르는 선

## 응시자 주의사항

1. 수험원서 또는 제출서류 등의 허위작성 · 위조 · 오기 · 누락 및 연락불능의 경우에 발생하는 불이익은 전적으로 수험자 책임입니다.
2. 수험자는 시험 시행 전까지 시험장 위치 및 교통편을 확인하여야 하며(시험실 출입은 할 수 없습니다), 시험 당일 교시별 입실시간까지 신분증, 수험표, 필기구를 지참하고 해당 시험실의 지정된 좌석에 착석해야 합니다.
3. 결시 또는 기권하거나 답안카드(답안지) 제출에 불응한 수험자는 해당 교시 이후 시험에 응시할 수 없습니다.
4. 시험 종료 후 감독위원의 답안카드(답안지) 제출 지시에 불응한 경우 해당 시험은 무효로 하고 부정행위자로 처리될 수 있으니 유의하시기 바랍니다.
5. 수험자는 감독위원의 지시에 따라야 하며, 부정한 행위를 한 수험자는 해당 시험을 무효로 합니다.
6. 개인용 손목시계를 준비하여 시험시간을 관리하시기 바랍니다.(휴대전화 등 데이터 저장이 가능한 전자기기는 사용이 불가합니다)
7. 전자계산기는 필요시 1개만 사용할 수 있습니다. 공학용 등 데이터 저장기능이 있는 전자계산기는 수험자 본인이 반드시 메모리, SD카드를 제거 · 삭제해야 하고, 메모리 내용이 제거되지 않은 계산기는 사용이 불가하며, 사용 시 부정행위로 처리될 수 있습니다.
8. 시험시간 중에는 통신기기 및 전자기기[휴대용 전화기, 휴대용 휴대용 멀티미디어 재생장치(PMP) 등 기타 사용 불가 기기는 수험자 유의사항 참조]를 일체 휴대할 수 없으며, 금속(전파)탐지기 수색을 통해 시험도중 관련 장비를 휴대하다가 적발될 경우 실제 사용여부와 관계없이 부정행위자로 처리될 수 있음을 유의하기 바랍니다.
9. 가답안 발표 후 의견제시 사항은 반드시 정해진 기간 내에 제출해야 합니다.
10. 그 밖에 시험일정, 운영, 기타 유의사항 등에 관한 사항은 해당 자격 큐넷 홈페이지(www.q-net.or.kr)의 시행공고를 확인하시기 바라며, 미확인으로 인한 불이익은 수험자의 책임입니다.

210mm×297mm[백상지(80g/㎡)]

[별지 제9호서식]

# 경비지도사자격증 교부대장

| 연번 | 성명 | 주민등록번호 | 주소 | 교부일자 | 비고 |
|---|---|---|---|---|---|
| | | | | | |
| | | | | | |
| | | | | | |
| | | | | | |
| | | | | | |
| | | | | | |
| | | | | | |
| | | | | | |
| | | | | | |
| | | | | | |
| | | | | | |

297mm×210mm(보존용지(1종) 70g/㎡)

■ **경비업법 시행규칙 [별지 제10호서식]** 〈개정 2014.6.5〉

## 경비지도사 자격증

(앞쪽)

<table>
<tr><td colspan="2">제 호</td></tr>
<tr><td>경비지도사 자격증<br>(자 격 종 별)<br>성 명 :<br>생 년 월 일 :<br>자 격 취 득 일 :</td><td>사진</td></tr>
<tr><td colspan="2">위의 사람은 「경비업법」 제11조에 따른 경비지도사 자격이 있음을 증명합니다.<br>( 발 급 일 )<br>경 찰 청 장 직인</td></tr>
</table>

54㎜×84㎜ [PVC(비닐)]

(뒤쪽)

<table>
<tr><td>유 의 사 항<br><br>1. 다른 사람에게 대여하거나 목적 외 사용을 할 수 없습니다.<br>2. 자격이 정지된 때에는 그 정지기간 동안 자격증을 경찰관서에 반납하셔야 합니다.<br>3. 자격이 취소된 때에는 자격증을 경찰관서에 반납하셔야 합니다.</td></tr>
</table>

[별지 제10호의2서식] 〈신설 2011.4.4.〉

# 경비원 직무교육 실시대장

| 연번 | 일시 | 장소 | 업체명 | 교육 대상자 | 교육내용<br>(과목) | 경비지도사<br>성 명 |
|---|---|---|---|---|---|---|
| | | | | | | |
| | | | | | | |
| | | | | | | |
| | | | | | | |
| | | | | | | |
| | | | | | | |
| | | | | | | |
| | | | | | | |
| | | | | | | |
| | | | | | | |
| | | | | | | |
| | | | | | | |
| | | | | | | |
| | | | | | | |
| | | | | | | |
| | | | | | | |
| | | | | | | |
| | | | | | | |
| | | | | | | |
| | | | | | | |

210㎜×297㎜[일반용지 60g/㎡(재활용품)]

**[별지 제11호서식]** 〈개정 2014.6.5〉

제　　호

## 일반(특수)경비원신임교육이수증

성 명 :　　　　　　　　　　　　　　　주민등록번호 :

주 소 :

위의 사람은　　　　년　　월　　일부터　　월　　일까지 실시한 일반(특수) 경비원 신임교육을 이수하였음을 증명합니다.

년　　　　월　　　　일

○○○교육원장　　　　[인]

210mm×297mm(보존용지(1종) 70g/㎡)

[별지 제12호서식] 〈개정 2014.6.5.〉

# 일반(특수)경비원 신임교육 이수증 교부대장

| 번호 | 성명 | 주민등록 번호 | 주소 | 자택 : ( ) | 교육이수증 교부번호 | 교부일 | 비고 |
|---|---|---|---|---|---|---|---|
| | | | | 직장명 : ( ) | | | |
| | | | | | | | |
| | | | | | | | |
| | | | | | | | |
| | | | | | | | |
| | | | | | | | |
| | | | | | | | |
| | | | | | | | |
| | | | | | | | |
| | | | | | | | |
| | | | | | | | |
| | | | | | | | |
| | | | | | | | |
| | | | | | | | |
| | | | | | | | |
| | | | | | | | |
| | | | | | | | |
| | | | | | | | |

297mm×210mm(일반용지 54g/㎡(재활용품))

■ **경비업법 시행규칙 [별지 제12호의2서식]** 〈신설 2019. 4. 23.〉

제　　호

**[　] 신임교육 이수**
**[　] 배치폐지**　　**확인증**

| 성명 | | 생년월일 | |
|---|---|---|---|

1. 신임교육 이수 확인

위의 사람은 아래와 같이 [　] 일반경비원 [　] 특수경비원 신임교육을 이수하였음을 확인합니다.

| 교육기관 | 교육일 | 교육이수증 교부번호 |
|---|---|---|
| | | |

2. 배치폐지 확인

위의 사람에 대하여 경비원 최종 배치폐지일이 아래와 같음을 확인합니다.

○ 최종 배치폐지일 :　　　　년　　월　　일

년　　월　　일

**○○ 지방경찰청장(경찰서장)**　　직 인

210mm×297mm[백상지(80g/㎡)]

■ 경비업법 시행규칙 [별지 제13호서식] 〈개정 2012.5.31〉

# 무기대여신청서

(앞쪽)

| 접수번호 | 접수일자 | 처리기간 30일 |
|---|---|---|

| 시설주 (신청인) | 성명 | 생년월일 |
|---|---|---|
| | 직책 | |

| 배치사업장의 명칭 | | 배치사업장의 소재지 |
|---|---|---|
| 특수경비원 배치 인원 | | |

| 대여 요청량 | 총기 종류 | 수량 | 탄종 | 수량 |
|---|---|---|---|---|
| | | | | |

| 대여신청 사유 | |
|---|---|
| 대여기간 | |
| 무기관리 방법 | |
| 비고 | |

「경비업법」 제14조제4항, 같은 법 시행령 제20조제1항 및 같은 법 시행규칙 제17조에 따라 위와 같이 무기대여를 신청합니다.

년 월 일

신청인 (서명 또는 인)

○○경찰서장 귀하

| 첨부서류 | 없음 | 수수료 없음 |
|---|---|---|

210mm×297mm[백상지 80g/㎡]

(뒤쪽)

## 처리절차

이 신청서는 아래와 같이 처리됩니다.

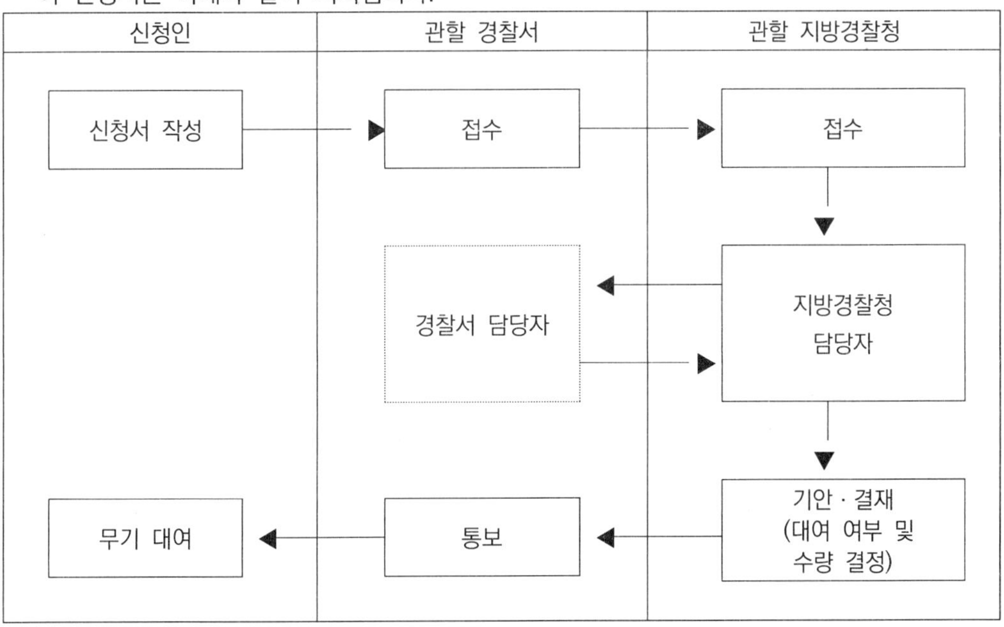

■ 경비업법 시행규칙 [별지 제13호의2서식] 〈신설 2014.6.5〉

# 경비원 복장 등 신고서

| 접수번호 | 접수일자 | 처리기간 즉시 |
|---|---|---|
| 신고인 | 법인명칭 | 허가번호 |
| | 소재지<br>(전화번호 ) | |

| | 상의 | 하의 |
|---|---|---|
| 복장 사진 | | |
| 표지장 사진 | | |

「경비업법」 제16조제1항, 같은 법 시행규칙 제19조제1항에 따라 위와 같이 경비원의 복장을 신고합니다.

년 월 일

신고인(대표자) (서명 또는 인)

○○ 지방경찰청장 귀하

| 첨부서류 | 없음 | 수수료<br>없음 |
|---|---|---|

| 작성요령 |
|---|
| 수 개의 복장을 신고할 경우에는 별지를 사용하시기 바랍니다. |

210㎜×297㎜[백상지 80g/㎡(재활용품)]

■ **경비업법 시행규칙 [별지 제13호의3서식]** 〈신설 2014.6.5〉

**[ ]경비원 복장 등**
**[ ]출동차량 도색 등** **시정명령 이행보고**

| 접수번호 | | 접수일자 | 처리기간 | 즉시 |
|---|---|---|---|---|
| 신고인 | 법인명칭 | | 허가번호 | |
| | 소재지<br>(전화번호 ) | | | |

| 시정명령 이행보고 |
|---|
| 시정 지시 사항 |
| |
| 시정 결과 |
| |

「경비업법」 제16조제4항, 제16조의3제4항 및 같은 법 시행규칙 제19조제2항, 제21조제2항에 따라 (복장 등 · 출동차량 도색 등)의 시정명령에 대한 이행을 위와 같이 보고합니다.

년 월 일

신고인(대표자) (서명 또는 인)

○○ 지방경찰청장 귀하

| 첨부서류 | 시정사항에 따른 시정결과 사진 | 수수료<br>없음 |
|---|---|---|

| 작성요령 |
|---|
| 수 개의 차량 디자인을 신고할 경우에는 별지를 사용하시기 바랍니다. |

210㎜×297㎜[백상지 80g/㎡(재활용품)]

■ 경비업법 시행규칙 [별지 제13호의4서식] 〈신설 2014.6.5〉

# 출동차량 등 신고서

| 접수번호 | 접수일자 | 처리기간 즉시 |
|---|---|---|
| 신고인 | 법인명칭 | 허가번호 |
| | 소재지<br>(전화번호 ) | |

| 차량 사진 | |
|---|---|
| 전면 | 후면 |
| | |
| 좌측면 | 우측면 |
| | |

「경비업법」 제16조의3제2항 및 같은 법 시행규칙 제21조제1항에 따라 위와 같이 출동차량 등을 신고합니다.

년 월 일

신고인(대표자) (서명 또는 인)

○○ 지방경찰청장 귀하

| 첨부서류 | 없음 | 수수료<br>없음 |
|---|---|---|

| 작성요령 |
|---|
| 수 개의 차량을 신고할 경우에는 별지를 사용하시기 바랍니다. |

210㎜×297㎜[백상지 80g/㎡(재활용품)]

■ **경비업법 시행규칙 [별지 제13호의5서식]** 〈신설 2014.6.5〉

# 범죄경력조회 신청서

| 접수번호 | 접수일자 | 처리일자 | 처리기간 1일 |
|---|---|---|---|

| | | |
|---|---|---|
| 신청인<br>(대표자) | 업체명 | 허가번호 |
| | 대표자 | 전화번호 |
| | 주소지 | |

| | | | | |
|---|---|---|---|---|
| 대상자 | 성 명 | 한글 | | |
| | | 한자 | 영문* | |
| | 주민등록번호<br>(여권번호 또는 외국인등록번호*) | - | 국적* | |
| | 주 소 | | | |
| | 취업(예정)직위 | | | |

「경비업법」 제17조제2항에 따라 우리 업체에 취업(예정)자인 (임원 · 경비원 · 경비지도사)에 대한 범죄경력조회를 요청하오니 그 결과를 회신해 주시기 바랍니다.

년 월 일

신청인(대표자) (서명 또는 인)

____________지방경찰청장(경찰서장) 귀하

| 첨부서류 | 1. 경비업 허가증 사본<br>2. 취업자 또는 취업예정자 범죄경력조회 동의서 각 1부 | 수수료<br>없 음 |
|---|---|---|

**작성요령**

1. 영문 성명 및 국적은 조회 대상자가 외국인인 경우만 적습니다.
2. 조회 대상자가 외국인인 경우 주민등록번호 대신 여권번호 또는 외국인등록번호를 적습니다.

**처리절차**

| 신청서 작성 | → | 접 수 | → | 대상자 확인<br>(적합, 부적합) | → | 통보 |
|---|---|---|---|---|---|---|
| 신청인 | | 경찰서장<br>/ 지방경찰청장 | | 경찰서장<br>/ 지방경찰청장 | | |

210㎜×297㎜[백상지 80g/㎡(재활용품)]

■ **경비업법 시행규칙 [별지 제13호의6서식]** 〈신설 2014.6.5〉

# 범죄경력조회 동의서

<table>
<tr><td rowspan="6">대상자</td><td rowspan="2">성 명</td><td colspan="3">한글</td></tr>
<tr><td colspan="2">한자</td><td>영문*</td></tr>
<tr><td>주민등록번호<br>(여권번호 또는<br>외국인등록번호*)</td><td>-</td><td>국적*</td><td></td></tr>
<tr><td>주 소</td><td colspan="3"></td></tr>
<tr><td>전화번호</td><td colspan="2">자택</td><td>휴대전화</td></tr>
</table>

본인은 경비업체 ○○에 (임원 · 경비지도사 · 경비원)으로 취업한 사람(취업예정자)로서, 「경비업법」 제17조제2항에 따른 범죄경력조회에 동의합니다.

년 월 일

동의자 (서명 또는 인)

____________________지방경찰청장(경찰서장) 귀하

작성요령

1. 영문 성명 및 국적은 조회 대상자가 외국인인 경우만 적습니다.
2. 조회 대상자가 외국인인 경우 주민등록번호 대신 여권번호 또는 외국인등록번호를 적습니다.

210㎜×297㎜[백상지 80g/㎡(재활용품)]

[별지 제14호서식] (앞쪽)

| 관리번호 | | **경비원명부** | 임용일자 | |
|---|---|---|---|---|
| | | | 퇴직일자 | |

| | | |
|---|---|---|
| 성명 | | 사진<br>(3.5㎝×4.5㎝) |
| 주소 | | |
| 배치지 | | |

| 병역 | 군별 | 병과 | 입대연월일 | 제대연월일 | 군번 | 계급 | 역종 | 체격등위 |
|---|---|---|---|---|---|---|---|---|
| | | | | | | | | |

| 신체상태 | 신장 | 체중 | 시력 | 혈액형 | 건강상태 | 외모특징 | 취미 | 특기 |
|---|---|---|---|---|---|---|---|---|
| | | | | | | | | |

| 재산 | 동산 | 부동산 | 재산총액 | 가옥 | 부업 |
|---|---|---|---|---|---|
| | | | | | |

| 가족관계 | 관계 | 성명 | 주민등록번호 | 학력 | 직장 | 관계 | 성명 | 주민등록번호 | 학력 | 직장 |
|---|---|---|---|---|---|---|---|---|---|---|
| | | | | | | | | | | |
| | | | | | | | | | | |
| | | | | | | | | | | |
| | | | | | | | | | | |

297mm×210mm(보존용지(1종) 120g/㎡)

(뒤쪽)

| 교우관계 | 성명 | 주소 | 직업 및 직책 |
|---|---|---|---|
| | | | |
| | | | |
| | | | |

| 보증인 | 성명 | 주소 | 재산 정도 |
|---|---|---|---|
| | | | |
| | | | |
| | | | |

상벌

| 연월일 | 종류 | 시행청 |
|---|---|---|
| | | |
| | | |
| | | |
| | | |
| | | |

경력

| 기간 | 근무장소 | 직위 (직책) |
|---|---|---|
| ~ | | |
| ~ | | |
| ~ | | |
| ~ | | |
| ~ | | |
| ~ | | |
| ~ | | |
| ~ | | |
| ~ | | |
| ~ | | |
| ~ | | |
| ~ | | |
| ~ | | |

교육훈련

| 기간 | 내용 | 기간 | 내용 |
|---|---|---|---|
| ~ | | ~ | |
| ~ | | ~ | |
| ~ | | ~ | |
| ~ | | ~ | |
| ~ | | ~ | |
| ~ | | ~ | |

■ 경비업법 시행규칙 [별지 제15호서식] 〈개정 2013.10.22〉

# 경비원 [ ] 배치 [ ] 배치폐지 신고서

| 접수번호 | 접수일자 | 처리기간 즉시 |
|---|---|---|

| | | |
|---|---|---|
| 신고인 | 법인명칭 | 허가번호 |
| | 소재지<br>(전화번호 ) | |
| | 배치장소(구체적으로 기재)<br>(전화번호 ) | |

| | | |
|---|---|---|
| 경비원 배치(폐지) 내용 | 배치일시 | 배치폐지(예정)일시 |
| | 경비의 목적 또는 내용(구체적으로 기재) | |

| | 배치 경비업무 | 경비원 성명 | 주민등록번호 | 경비원 신임교육 이수증 번호 |
|---|---|---|---|---|
| 경비원 명단 | | | | |
| | | | | |
| | | | | |
| | | | | |

「경비업법」 제18조제2항, 같은 법 시행규칙 제24조에 따라 위와 같이 경비원의 (배치 · 배치폐지)를 신고합니다.

년 월 일

신고인(대표자) (서명 또는 인)

**○○ 경찰서장** 귀하

| 첨부서류 | 없음 | 수수료 없음 |
|---|---|---|

| 유의사항 |
|---|
| 경비원 신임교육 이수증 번호는 신임교육을 받은 경비원만 기재합니다. |

210㎜×297㎜[백상지 80g/㎡(재활용품)]

■ 경비업법 시행규칙 [별지 제15호의2서식] 〈신설 2014.6.5〉

# 집단민원현장 일반경비원 배치허가 신청서

<table>
<tr><td>접수번호</td><td colspan="3">접수일자</td><td colspan="2">처리기간 48시간</td></tr>
<tr><td rowspan="2">경비업체</td><td colspan="4">법인명칭</td><td>허가번호</td></tr>
<tr><td colspan="5">소재지<br>(전화번호 )</td></tr>
<tr><td>경비지도사</td><td>성명</td><td></td><td>자격번호</td><td>연락처</td><td></td></tr>
<tr><td>집단민원현장 관리책임자</td><td>성명</td><td></td><td>직책</td><td>연락처</td><td></td></tr>
<tr><td rowspan="6">경비원 배치 내용</td><td colspan="2">배치 예정일시</td><td colspan="3">배치허가의 요청 기간</td></tr>
<tr><td colspan="5">집단민원현장의 유형 및 배치 예정 경비원 수</td></tr>
<tr><td colspan="5">경비의 목적 또는 내용(구체적으로 기재)</td></tr>
<tr><td colspan="5">배치지 주소 및 경비원의 업무 활동의 범위(구체적으로 기재)</td></tr>
<tr><td colspan="5">사용 예정 장비</td></tr>
<tr><td colspan="5">경비계획</td></tr>
<tr><td>경비업무 도급인</td><td>성명</td><td colspan="2"></td><td>연락처</td><td></td></tr>
<tr><td rowspan="4">경비원 명단</td><td>연번</td><td>경비원 성명</td><td colspan="2">주민등록번호</td><td>경비원 신임교육 이수증 번호</td></tr>
<tr><td></td><td></td><td colspan="2"></td><td></td></tr>
<tr><td></td><td></td><td colspan="2"></td><td></td></tr>
<tr><td></td><td></td><td colspan="2"></td><td></td></tr>
</table>

「경비업법」 제18조제2항 각 호 외의 부분 단서 및 같은 법 시행규칙 제24조의2에 따라 위와 같이 집단민원현장 일반경비원 배치허가를 신청합니다.

년 월 일

신청인(대표자) (서명 또는 인)

**○○ 경찰서장** 귀하

| 첨부서류 | 배치될 경비원의 신임교육 이수증 또는 배치될 경비원이 신임교육 면제 대상에 해당함을 입증할 수 있는 서류 각 1부 | 수수료 없음 |
|---|---|---|

| 유의사항 |
|---|
| 1. 경비계획 기재 또는 배치할 경비원의 명단 작성 시 필요하면 별지를 사용하시기 바랍니다.<br>2. 집단민원현장 관리책임자는 선임한 경우만 적습니다. |

210㎜×297㎜[백상지 80g/㎡(재활용품)]

■ 경비업법 시행규칙 [별지 제15호의3서식] 〈신설 2014.6.5〉

# 집단민원현장 일반경비원 배치폐지 신고서

<table>
<tr><td>접수번호</td><td colspan="3">접수일자</td><td colspan="3">처리기간　　즉시</td></tr>
<tr><td rowspan="2">경비업체</td><td colspan="3">법인명칭</td><td colspan="3">허가번호</td></tr>
<tr><td colspan="6">소재지<br>(전화번호　　　　　　　)</td></tr>
<tr><td>경비지도사</td><td>성명</td><td></td><td>자격번호</td><td></td><td>연락처</td><td></td></tr>
<tr><td>배치장소</td><td>주소</td><td colspan="5"></td></tr>
</table>

<table>
<tr><td rowspan="8">배치폐지<br>경비원 명단</td><td>연번</td><td>경비원 성명</td><td>주민등록번호</td><td>배치폐지일시</td></tr>
<tr><td></td><td></td><td></td><td></td></tr>
<tr><td></td><td></td><td></td><td></td></tr>
<tr><td></td><td></td><td></td><td></td></tr>
<tr><td></td><td></td><td></td><td></td></tr>
<tr><td></td><td></td><td></td><td></td></tr>
<tr><td></td><td></td><td></td><td></td></tr>
<tr><td></td><td></td><td></td><td></td></tr>
</table>

「경비업법」 제18조제2항 각 호 외의 부분 본문 및 같은 법 시행규칙 제24조의2제5항에 따라 위와 같이 집단민원현장 일반경비원 배치폐지를 신고합니다.

년　　월　　일

신고인(대표자)　　　　(서명 또는 인)

**○○ 경찰서장** 귀하

| 첨부서류 | 없음 | 수수료<br>없음 |
|---|---|---|

| 유의사항 |
|---|
| 배차폐지 경비원 명단 작성 시 필요하면 별지를 사용하시기 바랍니다. |

210㎜×297㎜[백상지 80g/㎡(재활용품)]

■ **경비업법 시행규칙 [별지 제16호서식]** 〈개정 2014.6.5〉

(앞쪽)

## 과태료부과 사전 통지서
## (의견제출 통지)

제　　　　　호

　　　　　　　　　　귀하

「경비업법」 제31조에 따라 아래와 같이 과태료를 부과하고자 하오니 의견이 있으시면 기한 내에 의견을 제출하여 주시기 바랍니다.

| | | |
|---|---|---|
| 과태료<br>부과 대상자 | 성명 | (　.　.　.생) |
| | 주소 | |
| 과태료 금액 | | |
| 과태료 부과<br>원인행위 | 일시 | |
| | 장소 | |
| | 내용 | |
| 적용 법령 | | |
| 의견제출 기한 | | |

〈의 견〉

년　　월　　일

**○○ 지방경찰청장(경찰서장)** 인

210㎜×297㎜[백상지 80g/㎡(재활용품)]

(뒤쪽)

## 〈 의견제출시 유의사항 〉

1. 귀하는 앞쪽의 과태료 부과 사항에 대하여 이 서면 또는 정보통신망을 이용하여 의견제출을 할 수 있으며, 주장을 입증할 증거자료를 함께 제출할 수 있습니다. 다만, 정보통신망을 이용하여 의견을 제출하고자 하는 경우에는 미리 의견제출기관으로 알려주시고, 의견을 제출한 후에 의견의 도달 여부를 담당자에게 확인하여 주시기 바랍니다.

2. 「질서위반행위규제법」 제18조에 따라 의견제출 기한 내에 과태료 사전납부고지서를 이용하여 자진 납부하는 경우 과태료를 감경(100분의 20의 범위 이내) 받을 수 있습니다.

3. 의견제출 기한 내 의견을 제출하지 아니하는 경우에는 의견이 없는 것으로 간주합니다.

4. 귀하께서 행정청에 출석하여 의견진술을 하고자 하는 경우에는 행정청에 미리 그 사실을 알려주십시오.

5. 그 밖에 궁금한 사항이 있으시면 아래 연락처로 문의하시기 바랍니다.

의 견 제 출 기 관

| 부 서 명 | | 담 당 자 | |
|---|---|---|---|
| 주 소 | | 전 화 번 호 | |
| 전자우편주소 | | 모 사 전 송 | |

■ 경비업법 시행규칙 [별지 제17호서식]

**보내는 사람**

○○ 지방경찰청장(경찰서장)

주소

□□□-□□□

**받는 사람**

귀하

□□□-□□□

절 취 선

| 부과 내역 |
|---|
| |

■ 납입고지서 및 영수증(납부자용)

| 납부번호 | | | |
|---|---|---|---|
| 납부자 | | 실명번호 | |
| 주소 | | | |

| 산출 근거 |
|---|
| |

| 세목 | 납기 내 | 납기 후 |
|---|---|---|
| | 20 년 월 일 | |
| 과태료 | | |

위 금액을 한국은행 국고(수납) 대리점인 은행 또는 우체국, 신용협동조합, 새마을금고, 상호저축은행에 납부하시기 바랍니다.

○○경찰서(인)

위 금액을 정히 영수합니다.

년 월 일 수납인

| 안 내 말 씀 |
|---|
| ◈ 은행이나 우체국, 신용협동조합, 새마을금고, 상호저축은행을 방문하거나 인터넷 뱅킹의 방법으로 납부하실 수 있습니다.<br>◈ 인터넷 납부는 은행 인터넷 뱅킹 및 금융결제원 (www.giro.or.kr)에서 납부할 수 있습니다. |

## ■ 납입고지서 및 영수증(수납기관용)

납부번호

회계년도 회계 소관

납부자 실명번호

| 금융 기관 | 징수관계좌 | 세 목 | 납기 내 | 납기 후 |
|---|---|---|---|---|
| | | | 20 년 월 일 | |
| | | | | |
| | | | | |
| **합계금액** | | | | |

위 금액을 수납하여 주시기 바랍니다.

년 월 일

○○경찰서(인)

수납인

# 참고문헌

## 1. 문 헌

경비업법(2020). 시행령, 시행규칙.
경찰청(2001). 경찰관직무집행법 해설.
국가정보원(2003). 국가보안목표 관리지침.
국민보호와 공공안전을 위한 테러방지법(2020). 시행령, 시행규칙.
김두현(2001). 경호경비법, 백산출판사.
대한민국 항공보안 협회 편저(2015). 항공보안법규.
박병식, 이용박(1996). 경비법학개론, 법률출판사.
박상기외 12인(2004). 법학개론, 박영사.
박선영(2002). 법학개론, 동현출판사.
서진석(2010). 경비지도사 민간경비론, 진영사.
안황권(2017). 경비지도사 경비업법, 도서출판 진영사.
안황권, 안성조(2005). 경호경비법원론, 도서출판 동문.
안황권, 안성조(2006). 신경호경비법론, 백산출판사.
이민형, 권창기, 송상욱(2009). 핵심경비업법, 도서출판 진영사.
이상철, 김진환, 이민형(2006). 경호경비관계법, 한올출판사.
이세환(2014). 경호경비업법, 도서출판 진영사.
이윤근(2001). 민간경비론, 경비지도사 양성과정교본, 한국경비협회.
이인영외 3인(2005). 법학입문, 학현사.
정진환(2004). 경비업법개론, 백산출판사.
정태황(1996). 기계경비원론, 도서출판 쟁기.
지원림(2003). 민법강의, 홍문사.
한국경비협회(1998). 한국경비협회 20년사.
항공보안법(2020) 시행령, 시행규칙.
항공안전 및 보안에 관한 법률(2020) 시행령, 시행규칙.

## 2. 논문 및 보고서

김진환(2013). 항공보안 위협승객 사전식별 예방프로그램 도입 연구, 국토교통부.

남반석(2003). 민간경비의 방범역량강화방안에 관한 연구, 원광대학교 석사학위논문.

박대우(2003). 민간경호 경비관련 자격제도에 관한 연구, 용인대학교 석사학위논문.

박승용(1992). 민간경비와 경찰과의 협조방안에 관한 연구, 연세대학교 행정대학원석사학위 논문.

서 민(2003). 우리나라 민간경비산업의 문제점과 개선방안에 관한 연구, 성균관대학교 석사학위논문.

손상철(2002). 민간경비인력의 전문화에 관한 연구, 동국대학교 석사학위논문.

송상욱(2005). 치안환경 변화에 따른 민간경비와 지방자치단체의 상호협력방안, 용인대학교 박사학위논문.

오경록(2005). 민간경비에 대한 의식구조 및 활성화 방안에 관한 연구, 경기대학교 박사학위논문.

유상우(2002). 한국행정개혁에 관한 연구(행정규제완화 정책을 중심으로), 건국대학교 행정대학원 석사학위논문.

이동화(2001). 한국 민간경호산업의 실태분석과 발전방안, 동국대학교 석사학위논문.

이민형(2005). 한국 민간경비 실태분석을 통한 제도적 개선방안, 용인대학교 석사학위 논문.

이상원(2003). 공경비와 민간경비의 협력방범체제 구축에 관한 연구, 경호경비학연구 제6호, 한국경호경비학회.

이윤근(2001). 다수시민참여 대규모행사시 안전관리대책에 관한 연구, 서울특별시 시민안전대책 워크샵.

## 3. 인터넷 및 국외문헌

법제처(moleg.go.kr/main.html), 2020, 경비업법.

법제처(moleg.go.kr/main.html), 2020, 국민보호와 공공안전을 위한 테러방지법.

법제처(moleg.go.kr/main.html), 2020, 항공보안법.

법제처(moleg.go.kr/main.html), 2020, 재구성.

# 저자약력

## 김진환

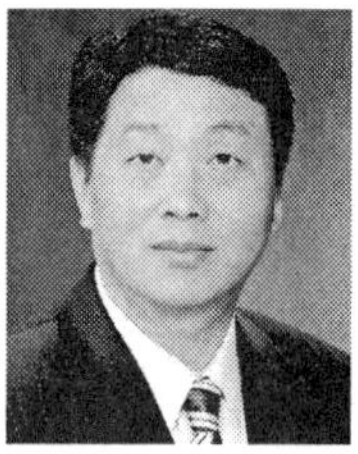

[학력]

- 용인대학교 유도학과 졸업
- 건국대학교 대학원 교육학 석사
- 한국체육대학교 대학원 이학박사
- 용인대학교 경호학 박사과정 수료

[경력]

- 서라벌대학교 경호스포츠학부 교수 역임
- 현)용인대학교 국제교류교육원 원장/ 어학원 원장/ 경호학과 교수
- 정부 인사혁신처 기술평가위원
- 국토교통부 항공보안과 ICAO전략연구 책임연구원
- 국가평생교육 진흥원 학점은행제 평가위원
- 전국 5개 광역시 청원경찰 문제출제 및 평가위원
- 우성그룹, 대상그룹, 제일기업, 진로그룹 기획실 및 신규사업 팀장 역임
- 경비지도사 국가자격시험 출제위원
- 한국경호경비 학회 부회장

[저서]

- 스포츠심리학 요약
- 사회체육 시설론과 스포츠센터 만들기
- 스포츠비지니스 경영관리론
- 시큐리티 운용론
- 경호인성교육
- 운동과 건강
- 경호경비 관계법
- 경호비서실무론
- 경호학 연구방법론

[연구논문]

- 민간경호 경비원들의 의식구조와 가치관에 관한연구
- 경호원들의 불안수준에 관한 연구
- 민간경호원의 자기효능감 검사 척도 개발
- 경호 경비업 종사자들의 의식구조에 관한 연구
- 민간 경호경비원의 직무스트레스에 관한 연구
- 민간 경호경비원들의 특성불안 수준에 관한 연구
- T H I에 의한 민간 경호경비원과 경호학 대학생 건강상태 조사연구
- 민간 경호경비원 자기효능감 검사 척도개발 外 다수의 논문